中国科协学科发展研究系列报告
中国科学技术协会 / 主编

2022—2023
数学
学科发展报告

中国数学会　编著

中国科学技术出版社
·北　京·

图书在版编目（CIP）数据

2022—2023 数学学科发展报告 / 中国科学技术协会主编；中国数学会编著 .—北京：中国科学技术出版社，2024.6

（中国科协学科发展研究系列报告）

ISBN 978-7-5236-0798-5

Ⅰ. ①2… Ⅱ. ①中… ②中… Ⅲ. ①数学 - 学科发展 - 研究报告 - 中国 - 2022-2023 Ⅳ. ① O1-12

中国国家版本馆 CIP 数据核字（2024）第 112312 号

策　　划　刘兴平　秦德继
责任编辑　杨曦子
封面设计　北京潜龙
正文设计　中文天地
责任校对　邓雪梅
责任印制　徐　飞

出　　版　中国科学技术出版社
发　　行　中国科学技术出版社有限公司
地　　址　北京市海淀区中关村南大街 16 号
邮　　编　100081
发行电话　010-62173865
传　　真　010-62173081
网　　址　http://www.cspbooks.com.cn

开　　本　787mm × 1092mm　1/16
字　　数　140 千字
印　　张　6.25
版　　次　2024 年 6 月第 1 版
印　　次　2024 年 6 月第 1 次印刷
印　　刷　河北鑫兆源印刷有限公司
书　　号　ISBN 978-7-5236-0798-5 / O · 223
定　　价　48.00 元

（凡购买本社图书，如有缺页、倒页、脱页者，本社销售中心负责调换）

2022—2023

数学学科发展报告

首席科学家 巩馥洲

项目负责人 巩馥洲

专 家 组 （按姓氏笔画排序）

王小云 田 刚 史宇光 巩馥洲 李万同
李 骏 李增沪 肖冬梅 张伟平 张纪峰
张 影 陈大岳 周爱辉 高小山 席南华
黄云清 彭联刚

学术秘书组 （按姓氏笔画排序）

王晓欢 李丽芳 李 政 李海英 肖小溪
岳 婷 孟雨晴 赵 晶 高 璐 黄 雷
韩军徽 谢洪云

序

习近平总书记强调，科技创新能够催生新产业、新模式、新动能，是发展新质生产力的核心要素。要求广大科技工作者进一步增强科教兴国强国的抱负，担当起科技创新的重任，加强基础研究和应用基础研究，打好关键核心技术攻坚战，培育发展新质生产力的新动能。当前，新一轮科技革命和产业变革深入发展，全球进入一个创新密集时代。加强基础研究，推动学科发展，从源头和底层解决技术问题，率先在关键性、颠覆性技术方面取得突破，对于掌握未来发展新优势，赢得全球新一轮发展的战略主动权具有重大意义。

中国科协充分发挥全国学会的学术权威性和组织优势，于 2006 年创设学科发展研究项目，瞄准世界科技前沿和共同关切，汇聚高质量学术资源和高水平学科领域专家，深入开展学科研究，总结学科发展规律，明晰学科发展方向。截至 2022 年，累计出版学科发展报告 296 卷，有近千位中国科学院和中国工程院院士、2 万多名专家学者参与学科发展研讨，万余位专家执笔撰写学科发展报告。这些报告从重大成果、学术影响、国际合作、人才建设、发展趋势与存在问题等多方面，对学科发展进行总结分析，内容丰富、信息权威，受到国内外科技界的广泛关注，构建了具有重要学术价值、史料价值的成果资料库，为科研管理、教学科研和企业研发提供了重要参考，也得到政府决策部门的高度重视，为推进科技创新做出了积极贡献。

2022 年，中国科协组织中国电子学会、中国材料研究学会、中国城市科学研究会、中国航空学会、中国化学会、中国环境科学学会、中国生物工程学会、中国物理学会、中国粮油学会、中国农学会、中国作物学会、中国女医师协会、中国数学会、中国通信学会、中国宇航学会、中国植物保护学会、中国兵工学会、中国抗癌协会、中国有色金属学会、中国制冷学会等全国学会，围绕相关领域编纂了 20 卷学科发展报告和 1 卷综合报告。这些报告密切结合国家经济发展需求，聚焦基础学科、新兴学科以及交叉学科，紧盯原创性基础研究，系统、权威、前瞻地总结了相关学科的最新进展、重要成果、创新方法和技术发展。同时，深入分析了学科的发展现状和动态趋势，进行了国际比较，并对学科未来的发展前景进行了展望。

报告付梓之际，衷心感谢参与学科发展研究项目的全国学会以及有关科研、教学单位，感谢所有参与项目研究与编写出版的专家学者。真诚地希望有更多的科技工作者关注学科发展研究，为不断提升研究质量、推动成果充分利用建言献策。

前 言

近年来，我国数学学科发展和能力建设取得许多重要进展，形成了“政府－高校－科研机构－学会－期刊－奖项”多层级协同联动创新体系，为新时代新征程数学高水平自立自强奠定了良好的基础。同时，我国数学发展水平与美国、法国、英国、德国等数学强国相比还有一定差距，需要清醒认识、找到差距、主动求变。

本项目主要依据文献调研和专家意见，定性和定量相结合的方式，对数学学科发展的考察较为宏观。具体方法包括专家座谈会议、走访专家、网络调研、文献计量等。具体开展的 6 次会议纪要和专家意见都做了详细记录；文献数据主要来源于 Web of Science（WoS）数据库、InCites 数据库。

本项目提出的建议主要包括：

（1）抓好青少年数学教育，做大数学人才自主培养基数，蕴蓄数学自立自强源头活水。

一是在稳步培养学生数学基础素养的同时，针对数学有兴趣又学有余力的学生，鼓励他们增强对数学的兴趣和热爱。

二是增加高校、研究机构的数学领军计划试点，在现有部门地方的各类人才计划中增加数学学科人才，尤其是青年数学人才的占比，为更多有数学天赋和兴趣的青少年提供脱颖而出的机会与优越的学习、研究环境。

三是增加数学专业毕业生就业岗位和定向分配的数量，持续增强青少年对数学的兴趣和从事数学工作的意愿，尽快增加数学专业本科生数量，增加 5 万至 10 万名数学硕博研究生。

四是建立数学主题展览馆、博物馆，增加数学科普日活动和其他科普活动，进一步提升数学科普质量。

（2）根据数学研究的特点和数学人才的成长规律，完善数学评价体制机制，不断强化数学服务国家重大战略的评价导向。

一是针对数学的不同细分类别，改进数学成果评价和贡献测算方法，完善符合各类型、各年龄段数学人才成长规律的创新评价体系机制，激发数学工作者研究国家重大战略需求和国际前沿问题的斗志和活力。

二是在中国科学院、国家自然科学基金委员会等机构设立独立的数学学部，强化数学研究、评价和资助的主体责任，对制约国家核心产业发展的瓶颈技术中关键数学问题、经济社会中影响人民生命健康的普适性数学问题给予高强度研究支持，确保资助渠道的长期稳定和数学研究资源的高效配置。

三是以新型举国体制积聚力量进行数学原始创新，尤其注重攻克大数据和人工智能、量子信息、先进制造等新兴技术领域的数学基础问题，抢占科技革命和产业变革先机。

（3）营造数学创新文化氛围，加快建设世界重要数学人才中心和创新高地，聚集天下数学英才。

一是面向全球吸引和留住数学人才，“下放用人、留人权力”，奖励引进数学人才的单位和个人，尤其关注俄乌、法德、印巴、中东、拉美等地的数学人才。

二是开展数学园区、数学城试点建设，在安家、子女教育、父母养老等方面优待数学工作者。

三是支持和引导企业、民间社团等非政府组织从事数学研究、开展国际学术交流与科研合作，在奖项设置、比赛设立、学术刊物运营等方面进一步给予便利条件。

四是注重营造“服务国家需求、鼓励自由探索、接纳长期零成果、宽容失败不唯师”的学术生态环境和创新文化氛围。

中国数学会

2023 年 10 月于北京

目录
CONTENTS

ABSTRACTS

Comprehensive Report

Reports on Special Topics

综合报告

数学学科发展报告

1　引言

为贯彻党的二十大精神，落实中央关于加强基础研究的重要指示精神，进一步强化数学服务国家重大需求的基础性战略性支撑作用，在中国科协科技创新部学科发展引领工程支持下，中国数学会组织研究团队，梳理数学学科发展现状，探究实现数学学科高水平自立自强面临的主要问题，提出我国数学学科发展策略。

党的十八大以来，我国数学发展稳中有进，取得许多重要进展，形成了“政府 – 高校 – 科研机构 – 学会 – 期刊 – 奖项”多层级协同联动创新体系，为新时代新征程数学自立自强奠定了良好的基础。同时，我国的数学发展水平与美国、法国、英国、德国等数学强国相比还有一定差距，需要清醒地认识、主动求变、迎头赶上。

数学学科发展还存在一些亟待解决的问题，一是自主培养数学拔尖创新人才的基数不够大，青少年对数学的兴趣普遍不足；二是数学研究服务国家重大战略需求的导向机制还不完善，数学评价机制存在偏差问题；三是我国数学领军人才稀缺。爱惜数学人才、尊重数学创造的文化氛围还没有形成。

以下几点建议可供商榷：一是抓好青少年数学教育，做大数学人才自主培养基数，蕴蓄数学自立自强源头活水。二是设置独立的数学部，攻克人工智能“卡脖子”问题。在中国科学院、国家自然科学基金委员会等机构设立独立的数学学部；尤其注重攻克大数据和人工智能、量子信息、先进制造等新兴技术领域的数学基础问题，抢占科技革命和产业变革先机。三是营造数学创新文化氛围，聚集天下数学英才，加快建设世界重要的数学人才中心和创新高地。注重营造“服务国家需求、鼓励自由探索、接纳长期零成果、宽容失败不唯师”的学术生态环境和创新文化氛围。

数学是研究数与形的基础学科，是自然科学的基础，为科学研究提供精确的语言、严格的方法和新的研究范式；数学也是重大技术创新的重要理论基础，我国许多“卡脖子”技术归根结底是其中的数学原理没有解决。

回顾科学的发展历程，不难发现几乎所有的重大发现无不与数学的发展相关。现今数学科学几乎渗透到日常生活的各个方面，并成为互联网搜索、医疗成像、电脑动画、数值天气预报和其他计算机模拟、数字通信、商业领域、军事领域的优化以及金融风险分析等许多研究领域不可或缺的重要支撑。

数学是自然科学的重要理论基础，数学科学和其他自然科学之间的相互影响为促进自然科学发展提供了工具和知识。如广义相对论、黑洞的数学描述及其旋转中仍存在未解决的数学问题，希尔伯特空间算子为量子力学提供了自然框架；此外，作为数据科学方法论的统计学研究加速了人类基因组测序的完成；天体物理学面临的重大挑战一部分依赖于科学计算与工程的发展；卫星集群和大型地基仪器提供的丰富数据资源需要结合统计学与工程计算来进行整合分析。

自 20 世纪中期以来，通过与计算机学科的交叉，数学为学科研究提供了新范式，由此产生了计算流体力学、计算材料学、计量经济学等新兴交叉学科。科学与工程计算可以对无法进行解析求解且难以进行实验的物理过程进行模拟，如海啸、气候、核爆等。因此，模拟仿真被公认为实验和理论推理之后科学研究的新范式。大数据的分析与使用正在成为科学发现的重要手段，被称为继实验、理论、仿真之后的第四个研究范式，数学的发展推动了数据科学的形成，并成为大数据分析必须依赖的理论基础和方法手段。

数学也是重大技术创新发展的基础，在工程技术中发挥着越来越大的作用。人类历史上共有三次重大的产业革命，都与当时数学研究中发现的新理论、新方法直接或间接的驱动有关。现今，数学科学对工程技术的作用显著增长并多样化。如航空工业利用数学知识进行飞机发动机叶片的设计，并进行生产质量控制；在医药行业的药物设计和肿瘤药物传送中，数学建模发挥了重要的作用；金融行业利用统计学方法设计风险最小化的投资组合及评估风险；数论研究中的素数和大整数分解成为网络安全与密码的理论基础；四元数乘法表用于视频游戏和跟踪卫星；特征向量是谷歌著名的页面排序算法（PageRank）是向服务用户推荐产品的软件的基础；积分几何成就了核磁共振成像和正电子发射计算机断层扫描的实现；人工智能的发展是现代工业和数学学科结合的重要成果，数学将为人工智能的进一步发展提供理论依据和指导。

数学是国防安全的重要工具之一。数学对于网络安全与分析、模拟训练和测试、军事演习、图像和信号分析、卫星和航天器的控制，以及尖端设备设计和制造、测试和评估发挥着至关重要的作用。国防使用数学工具的复杂程度也在逐渐加大。我国“原子弹、氢弹”的成功爆炸使中国人终于迈进了“原子核时代”，数学家在“两弹”的装置设计和爆炸威力计算中作出了突出贡献。中国第一颗人造地球卫星“东方红一号”的成功发射宣告中国进入了“航天时代”，数学家参与解决了卫星轨道设计、测定、控制中的关键技术难题。近代，随着大气和地下核试验的禁止，模拟试验逐渐成为唯一可以替代的研究手段，这一切使得高性能计算模拟成为国家发展和保持核心竞争力的必需科技手段，高性能计算模拟在国防安全方面的作用也变得越来越不可忽视。

数学学科的边界处于变化中，不必苛求精准的定义。按照本项目的总体要求，根据采集到的数据，在 Web of Science（WoS）分类体系的基础上综合《数学科技期刊分级目录（2020 版）》的分类方式和专家意见，项目组将数学学科界定为四大类进行分析讨论：数学类（理论数学）、概率统计类、应用数学类和跨学科应用数学类，数据采集时限一般为 2011—2023 年。

2　本学科近年的最新研究进展

2.1　高水平学术期刊发文情况

论文是数学研究成果的主要产出形式，论文数量可以大体揭示出一个国家数学研究的产出规模。在高水平学术期刊发表的高质量论文在一定程度上可以代表研究对象的高水平研究成果。

《数学年刊》（*Annals of Mathematics*）、《美国数学会杂志》（*Journal of the American Mathematical Society*）、《数学新进度》（*Inventiones Mathematicae*）和《数学学报》（*Acta Mathematica*）这四种期刊被公认为数学界影响力最大的期刊（简称四大刊）。虽然这四种期刊不能涵盖数学的全部重要领域，但在国际上被公认为很大程度上能够反映研究对象的数学研究水平。因此，发表在这四大刊上的论文数量及该数量占其论文总量的百分比对于衡量研究对象的数学研究实力具有重要参考价值（图 1）。

因此，在分析高水平成果产出时，将这四大刊的产出单列再次进行分析，希望能够从

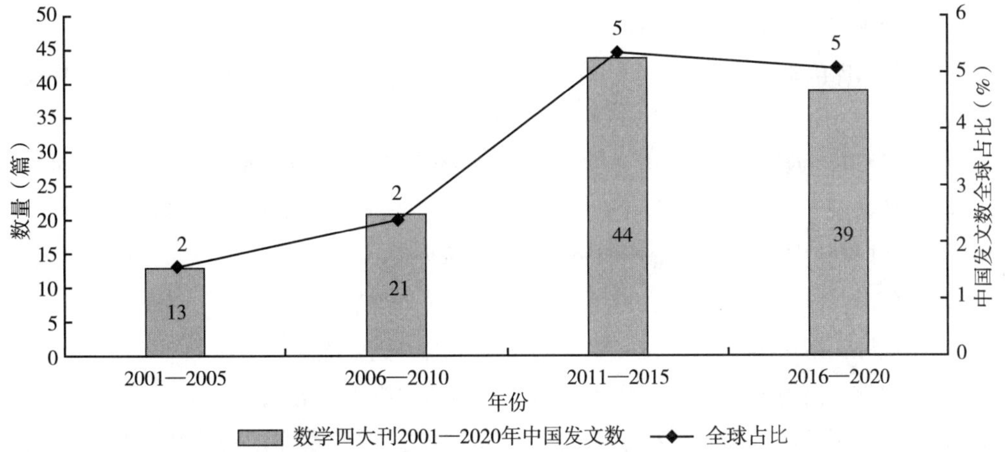

图 1　数学四大刊 2001—2020 年中国发文数及全球占比

一定程度上揭示该研究对象在数学学科顶尖基础研究成果产出上的表现。

在 2001—2005 年、2006—2010 年，数学四大刊中国发文数分别为 13 篇、21 篇，占四大刊总发文数平均比例为 2%，2011—2015 年、2016—2020 年，数学四大刊中国发文数增加到 44 篇、39 篇，占四大刊总发文数比例均增长至为 5%，与前两段时间窗相比，增加了 3%，说明中国近二十多年在数学顶级期刊发文数量比之前有了显著的提升。

2011—2020 年，数学四大刊中国发文数在四大刊总发文比例在 2%~10%，在 2015 年达到一个小高潮，当年中国在四大刊发文达 16 篇，后续 2017 年、2020 年的四大刊发文数也超过 10 篇，体现了这一阶段中国在国际顶级数学期刊的受认可度有一定提升（图 2）。

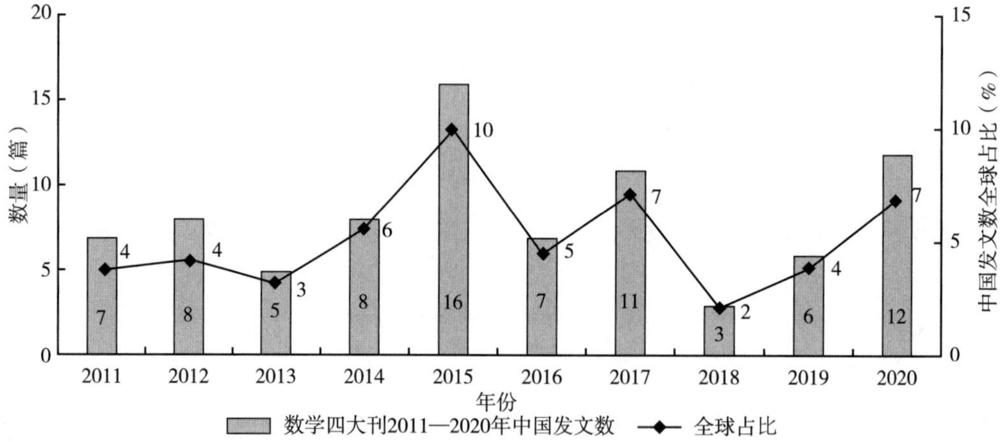

图 2　数学四大刊 2011—2020 年中国发文数及全球占比

2.2　重要学术期刊发文情况

本项目中高水平学术期刊的界定标准是在参照《数学会期刊分级目录（2020 版）》、学界认可的综合性高水平期刊等的基础上，根据期刊发展以及专家意见综合形成，该列表将会在以后进行动态优化调整。

WoS 数据库的学科分类是一个相对精细的学科分类体系，涵盖了 252 个学科，是按期刊进行划分的。一种期刊可以同时属于多个 WoS 学科分类，一个 WoS 学科分类对应若干种期刊。

由于数据库中数据类型及由此带来的数据采集的限制，为方便统计，本项目在 WoS 分类体系的基础上综合《数学科技期刊分级目录（2020 版）》的分类方式和专家意见，将高水平学术期刊发表论文粗略分成四个类别，具体见下。

基础数学：沿用 WoS 分类，涵盖 WoS 分类中的“数学”；

概率统计：沿用 WoS 分类，涵盖 WoS 分类中的“概率统计”；

应用数学：沿用 WoS 分类，涵盖 WoS 分类中的“应用数学”；

跨学科应用数学：采用专家意见，涵盖 WoS 分类中的“数学的跨学科应用”“生物数学”“逻辑学”“数学物理学”“数学方法在社会学中的应用”“数学在心理学中的应用”。

上述的学科方向也许与传统不同，只是近似反映中国数学在跨学科应用交叉方向上的概况。

总体来看，近二十多年数学类、概率统计类、应用数学类、跨学科应用数学类等方向的重要期刊发文数均稳定攀升，占全球份额也呈稳步增长态势。

2011 年至今，数学类高水平期刊中国发文数占全球相应份额稳定在 6% 以上（图 3），到 2020 年时，增至 11%；概率统计类高水平期刊中国发文数占全球相应份额稳定在 7% 以上（图 4），2020 年增至 15%；应用数学类高水平期刊中国发文数占全球相应份额稳定在 11% 以上（图 5），2020 年时增至 19%；跨学科应用数学类高水平期刊中国发文数占全球相应份额 9% 以上（图 6），2020 年份额为 14%。数学类重要期刊中国发文数占全球相应份额如图 7 所示，概率统计类重要期刊中国发文数占全球相应份额如图 8 所示，应用数学类重要期刊中国发文数占全球相应份额如图 9 所示，跨学科应用数学类重要期刊中国发文数占全球相应份额如图 10 所示。

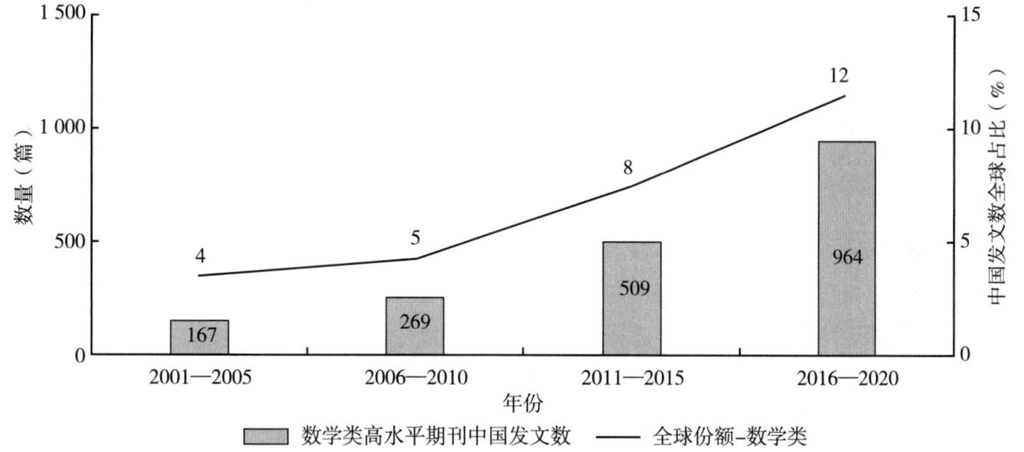

图 3　数学类高水平期刊中国发文数及全球占比

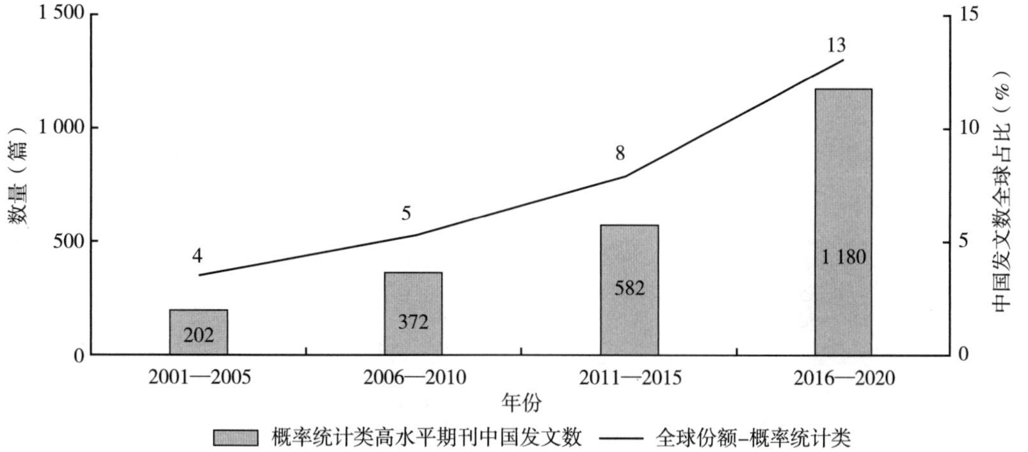

图 4　概率统计类高水平期刊中国发文数及全球占比

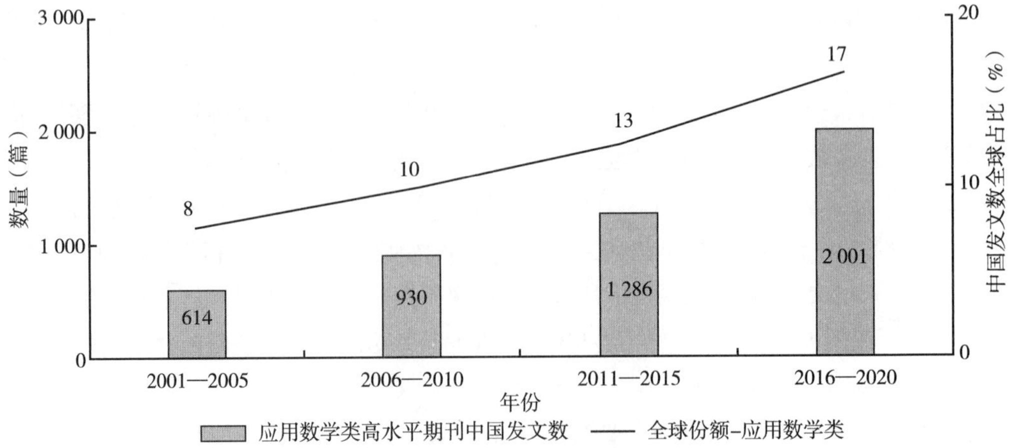

图 5　应用数学类高水平期刊中国发文数及占比

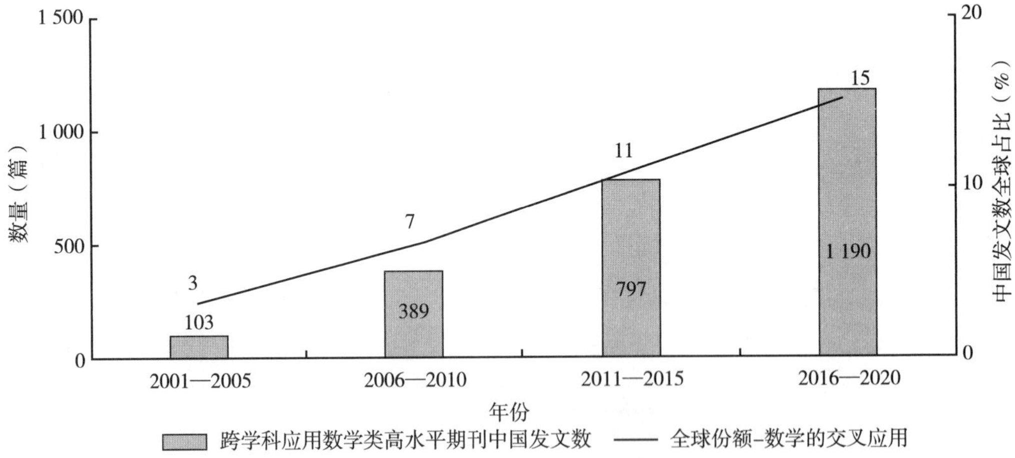

图 6　跨学科应用数学类高水平期刊中国发文数及全球占比

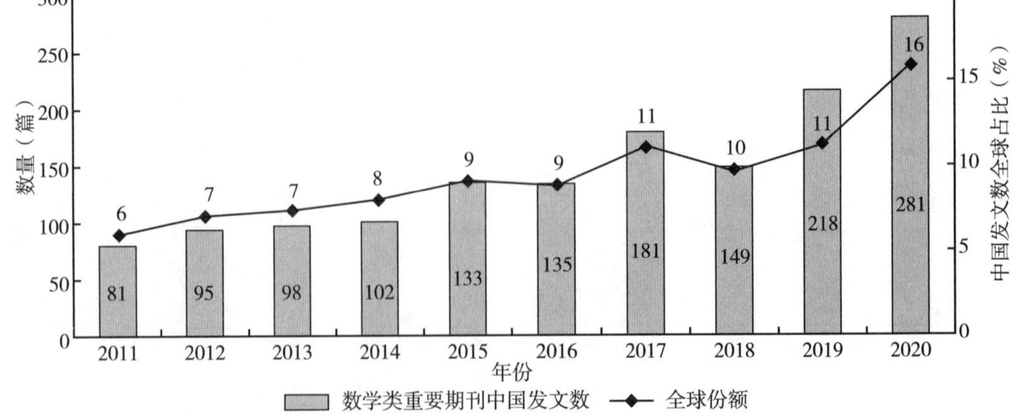

图 7　数学类重要期刊中国发文数及全球份额占比

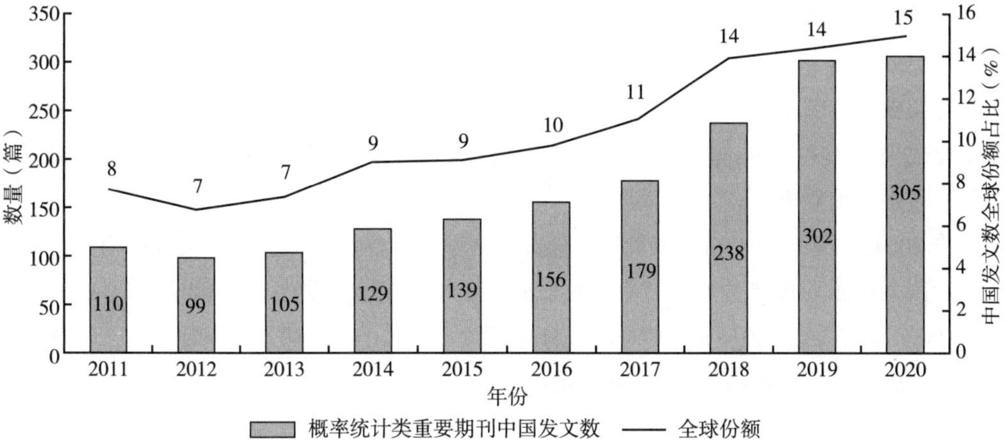

图 8　概率统计类重要期刊中国发文数及全球份额占比

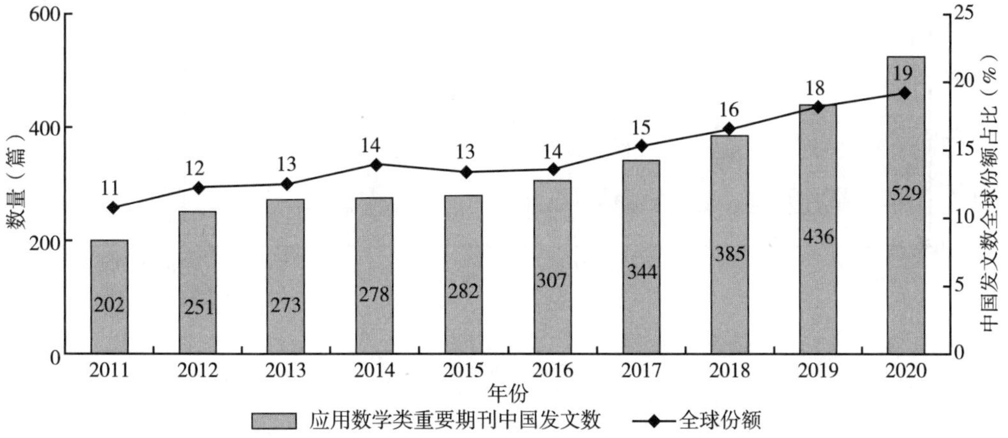

图 9　应用数学类重要期刊中国发文数及全球份额占比

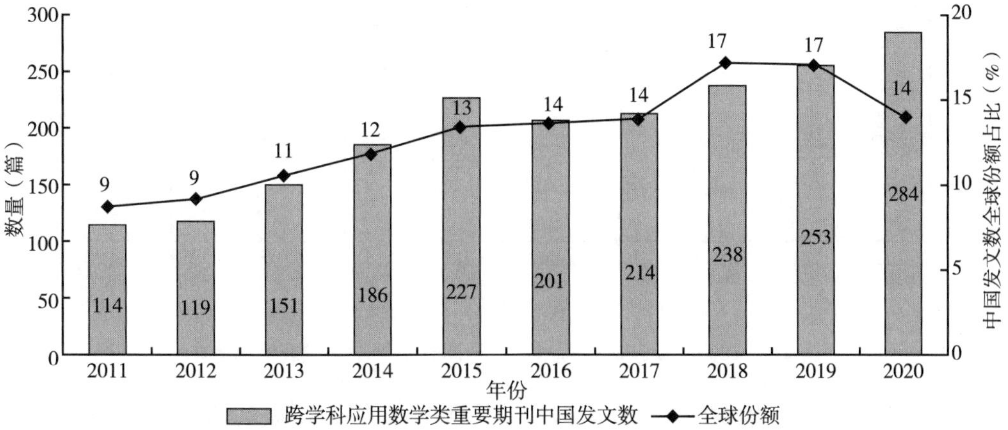

图 10　跨学科应用数学类重要期刊中国发文数及全球份额占比

2.3 高水平学术期刊产出效率

重要成果的“本国份额”，即国家重要成果数量占本国全部论文数量的份额，可以揭示重要成果的产出效率。国家的重要成果产出效率越高，说明该国用相对较少的论文产出了相对较多的重要成果。

将 2001—2020 年中国高水平数学论文数与同时间窗内中国数学论文数量相比，近似得出中国数学重要成果的产出效率。可以看到，中国高水平数学论文数量从 2001—2005 年的 1 064 篇增加到 2016—2020 年的 5 092 篇，但产出效率从 6% 降为 5%（图 11，图 12），可见中国重要论文的产出效率仍需提升。

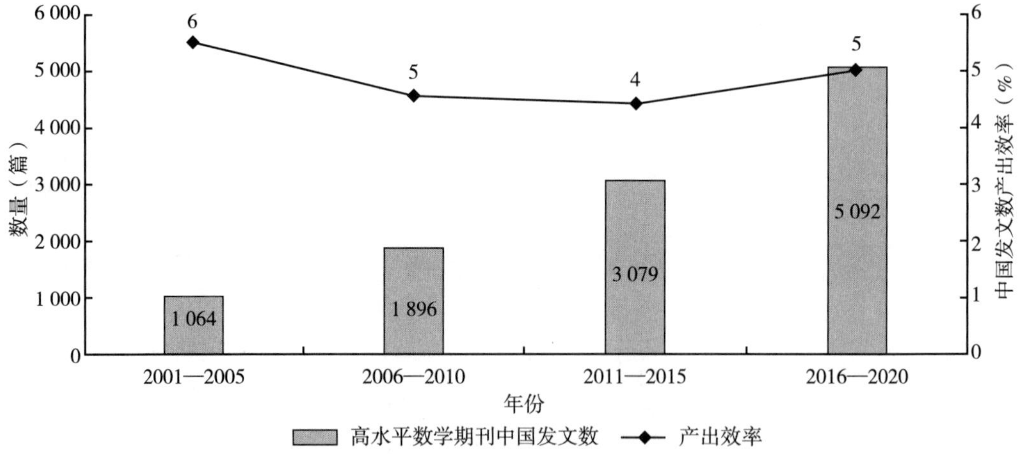

图 11 2001—2020 年高水平数学期刊中国发文数及产出效率

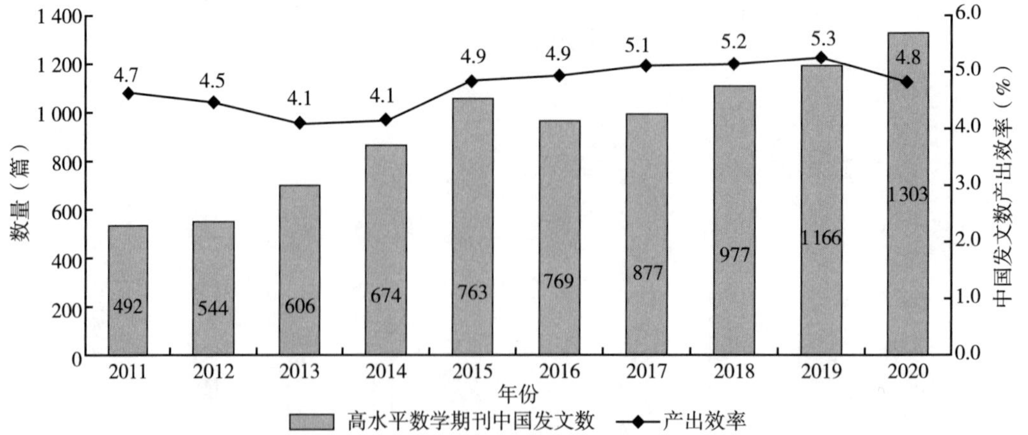

图 12 2011—2020 年高水平数学期刊中国发文数及产出效率

2011—2020 年，中国高水平数学期刊论文数量从 2011 年的 492 篇增加到 2020 年的 1 303 篇，但总体产出效率变化不大，在 4.1%~5.3% 之间浮动。

由此可见，近十多年中国无论是在数学四大刊，还是在高水平数学学术期刊，发表高质量数学期刊发文数均有显著增加，但与数学学科的整体产出数量相比，高质量论文的产出效率没有明显增长。中国数学在提升高质量论文数量的同时，不应忽视提升整体论文质量和高质量论文的产出效率。

2.4 高级别奖项获奖情况

2011—2020 年，在菲尔兹（Fields）奖、沃尔夫（Wolf）奖、阿贝尔（Abel）奖等国际最高数学奖项上中国本土数学还有待突破，在国际上获得高级别奖项的中国本土数学家或华裔数学家共有 40 人次，去重后 36 人，其中全职在“中国机构”工作超过一年的有 14 人。所查奖项获奖人目前在中国工作的有 16 人［有一名引进的菲尔兹奖获得者、一名引进的戴维逊（Davidson）奖获得者］。

2.4.1 2010—2022 年菲尔兹奖情况简介

2010—2022 年菲尔兹奖情况简介，如表 1 所示。

表 1 2010—2022 年菲尔兹奖情况简介

时间	2010—2022 年菲尔兹奖情况简介
2010 年	吴宝珠（Ngô Bào Châu），证明了朗兰兹纲领中的自守形式理论的基本引理。
	埃隆·林登施特劳斯（Elon Lindenstrauss），遍历理论的测度刚性及其在数论中的应用。
	斯塔尼斯拉夫·斯米尔诺夫（Stanislav Smirnov），证明了统计物理中平面伊辛模型和渗流的共形不变量。
	赛德里克·维拉尼（Cédric Villani），证明了玻尔兹曼方程的非线性阻尼以及收敛于平衡态。
2014 年	阿图尔·阿维拉（Artur Avila），对动力系统理论的深刻贡献，他用重整化的强大思想作为统一原则，改变了该领域的面貌。
	曼朱尔·巴尔加瓦（Manjul Bhargava），在代数几何中发展了强大的新方法，并将其应用于小秩环的计数和椭圆曲线的平均秩的定界。
	马丁·海尔（Martin Hairer），对随机偏微分方程理论的杰出贡献，特别是对这类方程的规则结构理论的创立。
	玛丽亚姆·米尔扎哈尼（Maryam Mirzakhani），对黎曼曲面及其模空间的动力学和几何的杰出贡献。
2018 年	考切尔·比尔卡尔（Caucher Birkar），证明了法诺（Fano）变量的有界性，并对最小模型规划作出了贡献。
	阿莱西奥·菲加利（Alessio Figalli），对最优输运理论及其在偏微分方程、度量几何和概率论中的应用作出贡献。
	彼得·朔尔策（Peter Scholze），获奖理由为通过引入完美曲面空间对 p 进域上的算术代数几何进行变换，并将其应用于伽罗瓦表示，以及发展了新的上同调理论。
	阿克萨伊·文卡特什（Akshay Venkatesh），他综合了解析数论、齐次动力学、拓扑学和表示理论，解决了算术对象等领域长期存在的问题。

续表

时间	2010—2022 年菲尔兹奖情况简介
2022 年	雨果·迪米尼 – 科潘（Hugo Duminil-Copin），解决了统计物理中相变概率理论中长期存在的问题，尤其是在三维和四维中。
	许埈珥（June Huh），将霍奇理论的思想引入组合学，证明了几何格的道林 – 威尔逊猜想，证明了拟阵。
	赫伦 – 罗塔 – 韦尔什（Heron-Rota-Welsh）猜想，发展了洛伦兹多项式理论，证明了强梅森猜想。
	詹姆斯·梅纳德（James Maynard），对解析数论的贡献，在理解素数结构和丢番图近似方面取得了重大进展。
	玛丽娜·维亚佐夫斯卡（Maryna Viazovska），证明了 E8 晶格在 8 维空间中提供了最密集的相同球体填充，并对傅里叶分析中的相关极值问题和插值问题作出了进一步的贡献。

注：资料来自 http://www.mathunion.org/。

2.4.2 2020—2023 年沃尔夫奖（数学）情况简介

2020—2023 年沃尔夫奖（数学）情况简介，如表 2 所示。

表 2 2020—2023 年沃尔夫奖（数学）情况简介

时间	2020—2023 年沃尔夫奖（数学）情况简介
2020 年	雅科夫·夫埃利阿什伯格（Yakov Eliashberg），西蒙·唐纳森（Simon Donaldson），对微分几何和拓扑学的贡献。
2022 年	乔治·卢斯蒂格（George Lusztig），对表征理论及相关领域的开创性贡献。
2023 年	英格丽·多贝西（Ingrid Daubechies），在小波理论和应用谐波分析方面的工作。

注：资料来自 http://www.wolffund.org.il/。

2.4.3 2020—2024 年阿贝尔奖情况简介

2020—2024 年阿贝尔奖情况简介，如表 3 所示。

表 3 2020—2024 年阿贝尔奖情况简介

时间	2020—2024 年阿贝尔奖情况简介
2020 年	希勒尔·弗斯滕伯格（Hillel Furstenberg），在群论、数论和组合学中开创性地使用了概率论和动力学方法。
	格雷戈里·马尔古利斯（Gregory Margulis），在群论、数论和组合学中开创性地使用了概率论和动力学方法。
2021 年	拉什洛·洛瓦斯（Lάszló Lovάsz），对理论计算机科学和离散数学的基础贡献，以及在塑造现代数学中心领域中的主导作用。
	阿维·威格德森（Avi Wigderson），对理论计算机科学和离散数学的基础贡献，以及在塑造现代数学中心领域中的主导作用。

续表

时间	2020—2024年阿贝尔奖情况简介
2022年	丹尼斯·帕内尔·沙利文（Dennis Parnell Sullivan），对最广泛意义上的拓扑学，特别是在代数、几何和动力学方面的开创性贡献。
2023年	路易斯·A.卡法雷利（Luis A. Caffarelli），对非线性偏微分方程正则性理论的开创性贡献，包括自由边界问题和蒙日–安培（Monge–Ampère）方程。
2024年	米歇尔·塔拉格兰（Michel Talagrand），在概率论和泛函分析方面的开创性贡献，以及在数学物理和统计学方面的杰出应用。

注：资料来自 http://www.ablprize.no/。

3 本学科的组织建制和研究平台

3.1 重要学会

目前与数学相关的全国学会和研究会主要有中国数学会、中国工业与应用数学学会、中国运筹学会、中国系统工程学会和中国现场统计研究会等。

3.1.1 中国数学会

中国数学会是中国数学工作者的学术性法人社会团体，是中国科学技术协会的组成部分。中国数学会的宗旨是团结广大数学工作者，为促进数学的发展，繁荣我国的科学技术事业，促进科学技术人才的成长与提高，为振兴经济，促进两个文明建设，加速实现我国社会主义现代化作出贡献。

中国数学会的主要工作有：组织学术交流活动，编辑出版数学刊物，开展国际学术交流，举办数学竞赛，开展普及工作，组织促进数学教育改革的活动，根据国家建设和学科发展的需要举办培训班或讨论班等。

中国数学会于1935年7月在上海成立。目前中国数学会下属的学科分会有概率统计分会、计算数学分会、均匀设计分会、数学史分会、生物数学专业委员会、组合数学与图论专业委员会、计算机数学专业委员会、奇异摄动专业委员会、非线性泛函分析专业委员会、数理逻辑专业委员会、医学数学专业委员会、数学教育分会。

目前中国数学会的工作机构有：组织工作委员会、学术交流工作委员会、国际交流工作委员会、编辑出版工作委员会、普及与传播工作委员会、教育工作委员会、数学竞赛委员会、女数学工作者委员会、数学名词审定委员会、西部发展工作委员会、数学发展基金工作委员会及学会办公室。

中国数学会是国际数学联盟（IMU）和国际工业与应用数学联合会（ICIAM）的成员单位。

3.1.2 中国工业与应用数学学会

中国工业与应用数学学会成立于1990年，办公室现设在北京、长沙，现有10名专职秘书。学会的宗旨是建立数学界和工业企业界之间的联系、促进数学工作者和工程技术人员及企业管理人员紧密结合、解决经济发展和技术进步面临的各种数学问题、促进应用数学研究与教育的发展。

学会现有会员近 2 万人，团体会员单位 96 家。2020 年，学会设立会士制度，旨在表彰在工业与数学领域有卓越成就的学会会员。2006 年，学会设立“苏步青应用数学奖”，旨在奖励在应用数学研究及推动应用数学发展方面作出杰出贡献的个人。

学会现有专委会 17 个、筹备专委会 4 个、工作委员会 15 个。2016 年起，学会每年举办一次学术年会；2020 年起，每年举办一次“数学促进企业创新发展论坛”并发布相关行业十大数学问题；2021 年起，每年发布应用数学落地成果。

1992 年起，学会每年举办一次全国大学生数学建模竞赛，是我国参与人数最多、受益面最广的大学生科技创新活动之一。2020 年，学会创办旗舰会刊的英文版（*CSIAM Transactions on Applied Mathematics*），入选我国应用数学类 T1 级期刊。

学会是国际工业与应用数学联合会（ICIAM）的大会员单位。2015 年，学会在北京成功主办了第八届国际工业与应用数学大会。2017 年，学会顾问袁亚湘院士成功当选 ICIAM 主席（2019—2023 年）。

3.1.3　中国运筹学会

1980 年 4 月，中国数学会运筹学分会成立，极大地推动了运筹学在我国的发展。1991 年，中国运筹学会成立。学会积极组织广大运筹学工作者，广泛开展学术交流活动。中国运筹学界涌现出了一批又一批学术新人，运筹学在中国发生了从无到有、从幼稚到成熟的质的变化。在注重自身发展的同时，中国运筹学会积极开展同国际运筹学界的交流与合作，主办了多次大型国际学术会议，以成熟的姿态屹立在国际科技舞台上。

中国运筹学会现有专业分会 16 个，工作委员会 10 个。学会 2022 年起设立会士制度，现有会士 43 人。个人会员 4 800 多人，团体会员 8 个，集中了全国运筹学优秀的科研人员。学会每两年举办一次学术年会，期间颁发中国运筹学会科学技术奖。中国运筹学会是国际组织“国际运筹学会联合会（IFORS）”和地区性国际组织“亚太运筹学会联合会（APORS）”的成员单位，学会理事长戴彧虹现任国际运筹学会联合会会士、亚太运筹学会联合会主席。中国运筹学会主办英文会刊（*Journal of the OR Society of China*）和两种中文期刊《运筹学学报》《运筹与管理》，均为中国科协主管期刊。

3.1.4　中国系统工程学会

中国系统工程学会 1979 年由钱学森、宋健、关肇直、许国志等 21 名专家、学者共同倡议并筹备。由自然科学领域的科学家钱学森和社会科学领域的经济学家薛暮桥担任名誉理事长。1980 年 11 月 18 日在北京正式成立，第一届理事会理事长关肇直，第二届、第三届理事长许国志，第四届、第五届理事长顾基发，第六届、第七届理事长陈光亚，第八届、第九届理事长汪寿阳，第十届理事长杨晓光。

学会现有工作委员会6个：学术工作委员会、国际学术交流工作委员会、教育与普及工作委员会、编辑出版工作委员会、青年工作委员会、应用咨询工作委员会。

学会现有专业委员会29个，已加入国际组织1个：国际系统研究联合会（IFSR），学会公开出版刊物9种。其中中国科协业务主管期刊5种，非中国科协业务主管期刊4种。

3.1.5 中国现场统计研究会

1978年7月，张里千、孙长鸣、刘婉如、汪仁官和杜林芳五人联名给邓小平同志写信，反映推广正交试验法对国民经济的重大意义，很快得到了批示。随后，国家科委常务副主任蒋南翔和中国科协副主席裴丽生分别接见张里千等人，并建议他们拍摄电视教育片及成立相关研究会。1978年10月，上述五人联系了著名统计学家魏宗舒、林少宫及杨纪柯等人，倡议成立学术团体——中国现场统计研究会，以便团结国内同行，推广正交试验法。倡议于当年年末获中国科协批准。1979年8月22日在北京科学会堂召开中国现场统计研究会成立大会，并成立了干事会，推选魏宗舒教授为干事长。首届干事会主要成员有张里千、魏宗舒、林少宫、杨纪柯、孙长鸣、刘婉如、汪仁官和杜林芳等人。地址设在北京。1981年7月，在广东省新会县召开了研究会首届年会暨第一次全国代表大会上将干事会改称为理事会。研究会目前为第十一届理事会。历届理事长为魏宗舒、张里千、陈希孺、杨振海、耿直、房祥忠、郭建华。研究会业务主管单位为中国科学技术协会，办事机构支撑单位为北京工业大学，目前会员数量为7 169人。

3.2 重要期刊

下文期刊为中国现阶段水平相对较高的一流数学期刊。

3.2.1 《数学学报（英文版）》

《数学学报（英文版）》是由中国科协主管，中国数学会主办的数学领域综合性专业学术期刊，创刊于1936年，是中国最早的数学刊物，也是中国最具影响力的数学刊物之一，主要刊登纯粹数学和应用数学方面具有独创性的优秀成果性论文，如代数、数论、分析、偏微分方程、几何、概率论等，权威地反映当今数学研究的发展。中国数学会一直非常重视本刊的发展，新一届编委会由著名的海内外数学家组成，主编是马志明院士、田刚院士。编委会人数由原来的44人增加到了54人，其中院士15人，海外编委会10人。《数学学报（英文版）》为月刊，与德国施普林格（Springer）出版集团合作出版，编辑部的官方网站（http://www.actamath.com）为作者和读者提供了在线投稿和全文下载服务，并采用了国际先进的名为ScholarOne Manuscripts的投审稿系统。

3.2.2 《中国科学：数学（英文版）》

《中国科学：数学（英文版）》月刊，创刊于1950年，是由中国科学院和国家自然科学基金共同主办，由科学出版社和施普林格出版集团出版的同行评审类数学期刊，致力于发表纯数学、应用数学、计算数学和统计学领域的高质量原创成果。

3.2.3 《数学物理学报（英文版）》

《数学物理学报》是我国数学物理学界委托原中国科学院首批学部委员（院士）、老一辈的著名数学家李国平教授于 1981 年 4 月创办的，旨在以刊登数学与物理科学的边缘学科中具有创造性的代表学科水平的科研成果为主的综合性学术刊物。由中国科学院武汉物理与数学研究所主办。本刊 B 辑为英文版季刊，由科学出版社和爱思唯尔有限公司（Elsevier Limited）出版，每年共出版十期。Elsevier 负责全球范围内本刊 B 辑的电子版的推销、出版和发行。读者对象为国内外本学科领域的专家、科技工作者和高等院校师生。

《数学物理学报》作为一个国际性数学期刊，以其论文的高质量得到了学术界的认可。从 1993 年至今 B 辑一直是科学引文索引（SCI）检索刊物。同时《数学物理学报》还被美国的《数学评论》《计算机科学和数学引文索引》、德国的《数学文摘》、俄罗斯的《文摘杂志》《中国数学文献数据库》《中国科技期刊引文数据库》《中国数学文摘》等刊物所收录。B 辑于 2000 年被新闻出版署确定为中国期刊方阵双效期刊。本刊发表的文章都是我国在本学科领域的各个时期的主要科研成果。

3.2.4 《中国数学年鉴 B 辑（英文版）》

《中国数学年鉴（英文版）》（*CAM*）创刊于 1980 年，由复旦大学资助，它是一本综合性的国际数学期刊，拥有高质量的纯数学和应用数学原创论文。《中国数学年鉴 B 辑（英文版）》，每两个月出版一次。

《中国数学年鉴 B 辑（英文版）》（*CAM Ser. B*）编委会、编辑部先后与中国科技出版传媒股份有限公司（科学出版社，瑞士）和世界科学出版公司私人有限公司（新加坡）合作，将期刊发行到中国境外。从 2006 年起，《中国数学年鉴 B 辑（英文版）》由编辑部和施普林格出版集团联合出版，并由编辑部在中国发行，由施普林格出版集团在境外发行。

《中国数学年鉴 B 辑（英文版）》先后 10 次被评为中国优秀科技期刊、教育部优秀科技期刊或上海市优秀科技期刊约 10 次。自 2001 年以来，先后被中国科学技术协会和国家自然科学基金授予“基础科学与高新技术重点学术期刊”。

3.2.5 《北京数学杂志（英文版）》

《北京数学杂志（英文版）》（*Peking Mathematical Journal*）是由教育部主管、北京大学主办的英文数学期刊，于 2018 年 9 月正式创刊。期刊由北京大学北京国际数学研究中心和数学学院联合承办，主要刊登基础数学方面具有突出思想方法的高水平原创研究成果，旨在促进国内外学术交流，推动数学学科发展。

《北京数学杂志（英文版）》创刊以来，获得了学术界的广泛关注与支持，另有多篇文章在线出版。多位著名数学家［包括菲尔兹奖获得者迈克尔·弗里德曼（Michael Freedman），国际数学家大会“一小时”报告人、美国科学院院士亚诺什·科拉尔（János Kollár），国际数学家大会“一小时”报告人拉胡尔·潘达里潘德（Rahul Pandharipande），美国科学院院士、科学突破奖获得者克里斯朵夫·哈克（Christopher Hacon）等］的论文已在期刊正式发表。目前期刊已被 MathSciNet、zbMATH 等国际主要数学数据库收录。在 2021 年中国数学会发布的《数学领域高质量科技期刊分级目录》中,《北京数学杂志（英文版）》入选数学类 T1 区。

3.2.6 《数学与统计通讯（英文版）》

《数学与统计学通讯（英文版）》创刊于 2013 年，是由中国科学技术大学主办、中科大数学科学学院承办，由德国施普林格出版集团负责出版和全球发行的综合性数学与统计方向的英文期刊［科学引文索引（SCI）收录刊源］，主要发表基础数学、应用数学、计算数学以及概率和统计等领域的高水平原创研究论文（包括高水平的综述文章）。期刊致力于为中国数学研究各领域的工作者构建交流和共享的平台，帮助相关领域学者在世界范围内发出自己的声音并获取前沿信息，其宗旨是反映全球研究院所、高等院校等机构在数学与统计学科各研究领域的最新研究成果和动态。通常每年出版一卷，每卷由四期组成。

3.2.7 《中国工业与应用数学学会（CSIAM）应用数学会刊（英文版）》

中国工业与应用数学学会旗舰会刊于 2020 年 4 月正式创刊，由学会理事长、北京大学副校长张平文院士担任主编，学会副理事长、浙江大学研究生院院长包刚教授担任总编辑。会刊的目标是为读者提供应用数学、计算数学或科学计算有关的原创性文章或高质量评论，强调数学在推动现代科学技术发展中的关键作用。

从 2020 年创刊起，会刊每年出版一卷，共四期。2020 年发表了 30 篇文章，其中国际论文占比 40%，2021 年发表了 28 篇文章，其中国际论文占比 43%。2021 年，会刊也已顺利提交了 SCI 申请，估算影响力值为 2.23。此外，在中国数学会发布的《数学领域高质量科技期刊分级目录》中，会刊被认定为应用数学类 T1 级，即该类别的最高级，这充分体现了我刊的学术权威性和学界影响力。

面向未来，学会希望与全体数学界同人，共同将旗舰会刊打造成应用数学领域国内一流、世界领先的成果交流与共享平台，推动中国的工业与应用数学研究走向世界。

3.2.8 《计算数学（英文版）》

《计算数学（英文版）》(*JCM*）是关于数值计算理论、分析及应用的学术期刊，是目前国内计算数学领域最高水平的期刊，在国外该领域也享有很高的知名度。*JCM* 长期被科学引文索引（SCIE）、工程索引（EI）等国内外著名的检索系统收录。这几年 *JCM* 影响力值连续提高，在中国同类期刊中名列前茅。*JCM* 的主编是中国科学院陈志明院士，编委会由国内外 36 名著名计算数学和应用数学专家组成，其中大陆地区 5 名、中国台湾和中国香港地区 4 名、境外 27 名，来自全世界各大著名院校及研究所。*JCM* 的稿件来自十几个国家，每期都有一定欧美科学家的文章。*JCM* 目前实行编委负责制，每个计算数学研究方向均有相应的编委严格监督文章的质量。*JCM* 拥有自己独立的服务器，正规网站，投稿、审稿、校稿完全网络化。*JCM* 目前由中国香港全球科学出版社进行发行。*JCM* 是一个完全国际化的知名刊物。

3.2.9 《中国运筹学会会刊（英文版）》

《中国运筹学会会刊（英文版）》名为（*Journal of the Operations Research Society of China*）创办于 2013 年 1 月，由中国运筹学会主办、德国施普林格（Springer）出版集团和上海大学期刊社合作出版的英文季刊。现任主编为袁亚湘院士。《中国运筹学会会刊（英文版）》是中国运筹学会的旗舰期刊，旨在促进运筹学各方面的研究和应用，为运筹学及相关领域的研究人员和应用工作者提供交流平台，通过运筹学理论和方法创新，来解决中国社会和经济的快速发展过程中出现的新问题和挑战。期刊每年出版四期，共一卷，包括特邀评论、常规论文、短篇通讯、书评等。

3.3 重大基础设施

近年来，我国也布局建设了一批数学研究中心，极大地促进了数学各分支的交叉融汇，包括国家级数学中心及地方数学中心、国家项目支持设立的数学中心、与企业合办的数学研究中心等。

国家级数学中心。如科学与工程计算国家重点实验室等十三个国家应用数学中心。

省市数学中心。如中国科学院国家数学与交叉科学中心、中国科学院晨兴数学中心、北京大学北京国际数学研究中心、浙江大学数学科学研究中心、清华大学丘成桐数学科学中心、北京雁栖湖应用数学研究院、复旦大学上海数学中心、南开大学陈省身数学研究所、天津大学应用数学中心。

项目支持设立数学中心。五个国家基金委，即天元数学中心、天元数学国际交流中心、国家基金委基础科学中心“流形上的几何、分析与计算”项目、国家基金委基础科学中心“科学计算与机器学习”项目。

与地方政府、企业合办数学机构。如由重庆高新技术产业开发区管理委员会和北京大学合办的北京大学重庆大数据研究院，由北京大学、长沙市政府和湖南湘江新区（长沙高新区）管委会共建的北京大学长沙计算与数字经济研究院等。

3.3.1 国家级数学中心

3.3.1.1 科学与工程计算国家重点实验室

科学与工程计算国家重点实验室，目前是我国数学领域唯一一家国家重点实验室，依托中国科学院数学与系统科学研究院建设。实验室是在已故著名数学家、中国计算数学的奠基人和开拓者冯康院士的倡导、并亲自筹备和组织下，由原中国科学院计算中心从事计算数学研究的部分课题组成的。实验室建于 1990 年，1993 年 10 月经中国科学院验收后正式投入运行。1994 年，向国内外开放。

实验室主要开展科学与工程计算中具有重要意义的基础理论研究，解决科学与工程领域中的重大计算问题，着重研究计算方法的构造、理论分析及实现。研究内容包括动力系统与数值方法，研究各类保结构算法的理论、算法的构造和数值试验；有限元边界元方法，针对具有应用背景的椭圆边值问题及其他相关问题，提出适合于这些问题的有限元边界元新型高性能计算方法；数理方程的反问题，对地震勘探数据处理中与波动理论有关的一些反演问题的数值方法的研究；非线性最优化，主要研究求解非线性规划的新算法以及算法的收敛性；计算流体力学，研究非定常不可压 N–S 方程和可压缩流的计算方法；并行计算方法和科学计算可视化。

3.3.1.2　十三个国家应用数学中心

国家应用数学中心是 2020 年批准设立的国家级科研平台。首批十三个国家应用数学中心包括北京国家应用数学中心（首都师范大学等建设）、上海国家应用数学中心（复旦大学等建设）、广东国家应用数学中心（中山大学、华南师范大学、华南理工大学、哈尔滨工业大学南方国际数学中心等建设）、天津市国家应用数学中心（天津大学等建设）、山东国家应用数学中心（山东大学等建设）、湖南国家应用数学中心（湘潭大学等建设）、江苏国家应用数学中心（南京大学、东南大学等建设）、湖北国家应用数学中心（武汉大学、中国科学院武汉物理与数学研究所、华中科技大学、华中师范大学、武汉理工大学、湖北大学等建设）、吉林国家应用数学中心（吉林大学、东北师范大学等建设）、陕西国家应用数学中心（西安交通大学、西北工业大学、西安电子科技大学、西北大学、陕西师范大学、长安大学等建设）、重庆国家应用数学中心（重庆师范大学、中国科学院大学、重庆大学、陆军军医大学、中国科学院绿色智能技术研究院等建设）、四川国家应用数学中心（四川大学等建设）、深圳国家应用数学中心（南方科技大学等建设）。

3.3.2　地方数学中心

3.3.2.1　中国科学院国家数学与交叉科学中心

国家数学与交叉科学中心成立于 2010 年 11 月 24 日，是根据 2010 年 3 月 31 日国务院第 105 次常务会议精神和中国科学院“创新 2020”组织实施方案的总体部署而成立的非法人机构，依托单位是中国科学院数学与系统科学研究院。中心旨在从国家层面搭建一个数学与其他学科交叉合作的高水平研究平台；通过体制机制创新，凝聚国内外数学及相关学科力量，协同攻关，成为国际一流的科学研究基地。通过设立和组织重大研究专题、承担国家重大项目、组织数学与相关学科交叉论坛、设立交叉型研究生与博士后培养计划，开展数学及其与自然科学、工程技术与社会经济的交叉研究、合作交流与人才培养。交叉中心现有六个交叉研究部和一个分中心，分别是：数学与信息技术交叉研究部、数学与经济金融交叉研究部、数学与先进制造交叉研究部、数学与材料环境交叉研究部、数学与生物 / 医学交叉研究部、数学与物理 / 工程交叉研究部以及合肥分中心。

3.3.2.2　中国科学院晨兴数学中心

中国科学院晨兴数学中心成立于 1996 年 6 月 10 日，是由中国科学院及中国香港晨兴集团共同出资兴办的。中心宗旨是努力培养和造就优秀的青年数学家，做出具有国际水平的研究成果。中心旨在前沿领域开拓新的学术方向，促进与国际及中国香港、中国澳门、中国台湾等地区的数学交流，促进数学与其他自然科学技术、经济相结合，开创我国数学研究的新局面。中心以良好的研究条件和待遇吸引优秀的青年数学家来中心进行访问研究，同时邀请国际上的杰出学者进行讲学和指导。中心以专题研究为主要方式，以普林斯顿高等研究所的成功模式为借鉴，致力于办成开放、流动、面向国际的研究机构。

3.3.2.3 北京大学北京国际数学研究中心

北京国际数学研究中心是 2005 年由国家发改委立项建立的。数学中心致力于国际前沿重大数学问题研究，以培养新一代世界级数学家和取得原创性重大研究成果为目标。中心的主要研究方向包括微分几何与拓扑，代数几何与数论，微分方程和分析，生物数学与统计和计算数学。数学中心现有“千人计划”入选者 23 人、“长江学者奖励计划”7 人，在站博士后 28 人，在读博士研究生 48 人。北京国际数学研究中心的支持渠道主要是教育部专项经费、国家自然科学基金委项目和北京大学双一流建设计划项目。

3.3.2.4 清华大学丘成桐数学科学中心与北京雁栖湖应用数学研究院

清华大学丘成桐数学科学中心于 2014 年底由教育部正式批准成立。十年间，中心在高端人才引进、杰出数学人才培养、高水平学术研究和数学学科建设方面取得了跨越式发展，是清华大学建设世界一流大学的重要基础。中心建成以纯粹数学为核心的“五大领域”和“三个交叉研究方向”的综合性学科布局。其中代数与数论、数学物理以及动力系统与随机分析这三个科研团队，已达到世界顶尖水平。2020 年成立的北京雁栖湖应用数学研究院将应用数学纳入未来学科发展规划，着眼于基础学科研究的产业应用。数学中心以高水平人才引进、造就新一代世界领先数学家为根本任务。2021 年，成功引进 2018 年菲尔兹奖得主考切尔·比尔卡尔（Caucher Birkar），担任中心教授。过去十年间，中心已引进全日制教师 85 人，不乏“长江学者奖励计划”入选者、国家杰出青年科学基金获得者、国家高层次人才特殊支持计划入选者、国家海外高层次人才引进计划入选者、国家优秀青年科学基金获得者、青年拔尖人才支持计划入选者，以及晨兴数学竞赛获奖者。中心先后与美国的哈佛大学、斯坦福大学及英国的牛津大学等国内外 30 多所高校和科研机构建立了良好的合作关系，每年超过 300 位数学家及相关领域专家学者来中心工作、访学和交流，许多重要的国际学术会议在中心、北京雁栖湖数学研究院和“清华三亚国际数学论坛”会议基地召开，众多院士，诺贝尔奖、沃尔夫奖、菲尔兹奖得主等来中心访问、交流和演讲，成为富有凝聚力的国际学术交流平台。

3.3.2.5 复旦大学上海数学中心

复旦大学上海数学中心由国家有关部委和上海市政府于 2013 年创建。数学中心致力于建设一支高水平的首席教授队伍，以首席教授为核心组建以青年研究人员及博士后为主的高水平的科研团队。中心现有六个学术团队，分别是纯粹数学方面的代数几何、几何与拓扑、动力系统和非交换几何四个研究团队；应用数学方面的计算系统生物学、应用统计学团队。计划在今后五年新建数论及表示论、偏微分方程等两个纯粹数学方向的团队和若干应用数学方向的团队。

3.3.2.6　南开大学陈省身数学研究所

陈省身数学研究所（原南开数学研究所）成立于 1985 年，按照陈省身确立的“立足南开、面向全国、放眼世界”的十二字宗旨，通过大量的国际学术交流和举办全国性的数学专题学术年等活动，影响和造就了一批活跃于海内外的高水平的中青年数学家，成为具有重要国际影响的数学研究和学术交流中心，也是我国培养高级数学人才的新型基地。中心的主要研究方向包括微分几何、非线性分析与辛几何、组合数学、动力系统、算子代数、密码学、编码理论、信息论、数学物理、理论物理（物理中的非线性问题）。陈省身数学研究所现有 13 名永久职位和数名非永久职位的科研人员以及博士后，其中包括中国科学院院士 4 名（含发展中国家科学院院士 3 名）。

3.3.2.7　天津大学应用数学中心

天津应用数学中心于 2014 年 3 月 1 日获天津市政府批准成立，依托天津大学的数学中心。天津应用数学中心可以追溯到南开大学——天津大学刘徽应用数学中心。中心以“高起点、高水平、高效率”为原则，探索建立开放、有活力、可持续的体制机制和运行模式，面向国家需求，在应用数学前沿领域开展研究，并推动研究成果的产业化。中心将尝试企业化管理，内部人员实行合同制。

3.3.2.8　浙江大学数学科学研究中心

浙江大学数学科学研究中心创建于 2002 年 8 月，是一个立足中国、面向世界的国际数学研究中心，直属于浙江大学。中心是具有重要国际影响的数学研究机构，已拥有世界第一流的研究阵容、学术环境和办公条件。2002 年 8 月成功举办了杭州弦理论国际会议，江泽民同志在北京亲切会见了霍金、丘成桐、威滕等人出席弦理论国际会议的世界著名科学家。为进一步推动和发展中国数学研究，浙大数学中心与数学系联合举办了 2003 国际数学高级研讨班。2003 年，著名数学家谷超豪院士，王元院士，石钟慈院士，龚昇教授，美国纽约大学教授、中国浙江大学特聘教授林芳华，中国香港科技大学教授、中国浙江大学教授励建书，第三世界科学院院士、教育部科学技术委员会副主任张伟平教授，中国科学院数学研究所所长周向宇教授，英国剑桥大学数学系主任格雷米特教授，美国加州大学图特夫教授，美国密歇根大学教授、中国浙江大学数学中心高级教授季理真，美国科罗拉多大学教授吴思晔，中国台湾清华大学讲座教授黄光明等先后来浙大数学中心工作。

3.3.3　项目支持设立数学中心

3.3.3.1　国家基金委支持设立的天元数学中心

基金委支持设立的国家天元数学东北中心（吉林大学）、国家天元数学中部中心（武汉大学）、国家天元数学东南中心（厦门大学）、国家天元数学西北中心（西安交通大学）、国家天元数学西南中心（四川大学）。

3.3.3.2 天元数学国际交流中心

天元数学国际交流中心由中国科学院、国家自然科学基金委员会、中国数学会、中国科学院数学与系统科学研究院，以及昆明市有关部门共同支持建设的数学与交叉科学交流机构。旨在搭建数学及其跨学科应用领域的学术交流平台，提升我国数学整体研究水平，成为国际一流的数学交流与合作研究中心。中心于 2023 年 7 月正式投入使用。

3.4 一流教研机构

3.4.1 数学类

我国众多知名高校均设有数学科学学院或数学系，具备强大的师资队伍和丰富的研究机构。这些学院在基础数学、应用数学、信息与计算科学等领域取得显著成就，培养了大批优秀人才，为我国数学研究和教育事业作出了巨大贡献。这些数学院系以其卓越的国际化、教学和科研实力，享有国内外广泛声誉，不仅推动了数学科学的繁荣发展，更是我国数学研究和人才培养的重要基地和力量。下文简单地介绍了一些高校数学院系的情况。

北京大学数学科学学院拥有四个系和五个本科生专业，同时设有四个博士专业和博士后流动站，这些专业均被评为重点学科。学院紧密结合数学研究所，形成院所结合的体制，并拥有多个重要的研究机构，如教育部重点实验室等。作为国内外具有重要影响的数学科学研究和人才培养基地，北京大学数学科学学院在教学与科研、理论与应用方面均取得了显著的成就。

复旦大学数学学院下设数学系、应用数学系以及信息与计算科学系，每个系都拥有一支完整的教学和科研梯队，拥有一批在国内外学术界具有广泛影响的学科带头人。各系的研究方向涵盖了基础数学、应用数学、信息与计算科学等多个领域，并在人才培养和科学研究方面取得了显著成果，多次获得国家级奖项。

山东大学数学学院设有概率论与数理统计研究所等多个研究机构。概率论与数理统计研究所拥有专职教师团队，承担本科生和研究生课程的教学工作，并积极参与教材编写和教学改革。此外，山东大学数学学院还是国家理科基础科学研究和教学人才培养基地之一，设有“潘承洞班”和“华罗庚班”，致力于培养精英人才，为数学研究和教育领域输送了大量优秀人才。

清华大学数学科学系源于应用数学系，自 1999 年更名后，建立了基础数学与应用数学及概率统计研究所，并在计算数学与运筹学领域取得了显著成就。其研究方向涵盖数论、代数、微分几何、泛函分析等多个基础数学领域，以及常微分方程、概率论、数理统计等应用数学方向。此外，计算数学与运筹学研究所致力于数值代数、优化理论及信息处理等领域的研究。2018 年，该系又成立了数学教育研究所。

北京师范大学数学科学学院拥有百余年历史，自 1915 年数理部创立起，便不断积淀学科传统与文化，现已成为国家基础科学人才培养和科研的重要基地。学院在人才培养、科学研究和社会服务方面均取得了显著成就，引领着我国数学教育的改革与发展。

南开大学数学科学学院成立于1997年，保留了数学系，并在之后的发展中逐步形成了多个研究方向和特色。学院在信息科学与概率统计等领域也有深入研究，为我国的数学研究和应用作出了重要贡献。

上海交通大学数学科学学院的历史可追溯至1896年南洋公学的创立。数学系自1928年成立以来，对中国近代数学发展作出了重要贡献。经过多次调整和重组，学院现已发展成为拥有三个系、多个科学研究机构和博士后流动站的综合性数学学院，在国际化示范学院推进计划中脱颖而出，展示了其卓越的学术实力和影响力。

中国科学技术大学数学科学学院自1958年由著名数学家华罗庚教授亲自主持创办以来，会聚了关肇直、吴文俊、冯康等知名专家，为我国的数学研究和教育事业作出了卓越贡献。2011年，数学科学学院正式挂牌成立，成为全国理科人才培养基地和中国科学院博士生重点培养基地，并荣获首批数学一级学科博士学位授予权。学院不断追求卓越，2007年获评首批一级重点学科，并持续参与教育部“985工程”“211工程”以及中国科学院知识创新工程。为吸引顶尖学者，学院特设“华罗庚大师讲席”及“吴文俊大师讲席”，以推动学术交流与学科发展。

西安交通大学数学科学学院下设数学系和应用数学系，数学系专注于基础数学的研究与人才培养，而应用数学系则拥有一支高水平的师资队伍，研究方向涵盖生物数学、流行病动力学等多个前沿领域。学院的研究实力与成果在国内外享有盛誉，为我国的数学研究与应用作出了重要贡献。

吉林大学数学学院是我国数学研究与人才培养的重要基地，历史悠久，底蕴深厚。学院由原吉林大学、吉林工业大学等多所高校的数学系或教研室合并组建而成，拥有众多著名数学家曾在此任教。学院在基础数学、应用数学等多个领域均取得了显著成果，为国家和社会培养了大批优秀人才。

哈尔滨工业大学数学学院的发展历程同样令人瞩目。自1958年创建计算数学专业以来，学院不断发展壮大，现已成为拥有完整学科体系和研究实力的数学学院。在教育部学科评估中，数学学科和统计学位列前茅，同时在国际排名中也取得了优异的成绩。学院在基础数学、应用数学等多个领域均有着深厚的研究底蕴和卓越的学术声誉，为我国数学事业的发展作出了重要贡献。

同济大学数学科学学院自1945年创立以来，便成为国内数学界的一颗璀璨明珠。学院历经数次变革，但始终保持着对数学研究和教育的热情与执着。自20世纪80年代起，学院积极引进国内知名数学家，并在新世纪进一步壮大中青年学术带头人队伍，使得学院的学科和师资队伍建设、人才培养、科研与学术交流等方面均取得了巨大进步。教学和科研实力的持续增强，使学院在国内外教育界和学术界产生了广泛而深远的影响。在教育部公布的全国第四轮学科评估中，同济大学数学学科荣获“A类学科”的殊荣，这进一步证明了学院在数学领域的卓越地位。此外，学院还积极响应国家和社会的需求，成立了“智能计算与应用”同济大学数学中心，获批上海市智能计算前沿科学研究基地和智能计算与应用教育部重点实验室，为推动智能计算与应用领域的发展贡献了重要力量。

华东师范大学数学科学学院是我国数学研究和人才培养的重要基地之一。学院不仅在国际基本科学指标（ESI）全球学科排名中名列前茅，更在国内数学界名列前茅，成为国家“一流学科”建设的重要代表。学院拥有国家数学学科一级博士点和数学教育博士点，以及数学博士后流动站，为国家培养了大批高水平的数学研究和教育人才。此外，学院还建立了多个研究中心和实验室，如上海市核心数学与实践重点实验室，为数学学科的发展提供了坚实的支撑。学院下设六个系别，涵盖了基础数学、应用数学、数学教育、数据数学、智能数学和金融数学等多个领域，形成了完整的学科体系。

南京大学数学系源于中央大学和金陵大学数学系，具有深厚的学术积淀和优良传统。作为国家一级重点学科和江苏省优势学科，数学系始终站在数学研究和教育的前沿。学院拥有数学和统计学两个一级学科，其中数学为国家一级重点学科，统计学为江苏省一级重点学科。学院现有三个本科专业，并形成了从本科生到博士后的完整培养体系，为国家和社会输送了大批优秀人才。

浙江大学数学科学学院是我国数学人才培养、科学研究和学科建设的重要代表之一。学院的发展历程见证了中国数学学科的初创、成长、成熟直至辉煌的历程。学院拥有一大批杰出的数学家和校友，包括多位中国科学院和工程院院士。自 20 世纪 30 年代开始，著名数学家陈建功和苏步青在浙大创立了享誉世界的“陈苏学派”，为学院的发展奠定了坚实的基础。近年来，学院更是积极响应国家和社会的需求，成立了数学高等研究院，推动数学学科的深入研究和应用。

武汉大学数学与统计学院则是武汉大学历史最悠久的办学单位之一，具有深厚的历史底蕴和卓越的学术声誉。学院的前身可以追溯到 1893 年自强学堂设立的“算学门”，经过百余年的发展，现已成为国内数学与统计领域的重要学院。学院拥有多个博士点和研究中心，涵盖了数学与统计学的多个领域。学院不仅在教学和科研方面取得了显著的成就，更在人才培养和社会服务方面作出了重要贡献。

中山大学数学学院位于风景优美的广州校区南校园，其历史可追溯到 1924 年创校之初的数学系。经过近一个世纪的积淀与发展，该学院现已成为拥有数学系、统计科学系和科学计算与计算机应用系等多个专业方向的综合性学院。同时，学院还设有数学研究所、计算科学实验室（广东省重点）等多个研究机构，致力于数学领域的深度研究和创新。值得一提的是，国家级平台粤港澳应用数学研究中心正是依托数学学院而建设的，这进一步凸显了学院在国内数学界的领先地位。

四川大学数学学院则是四川大学历史最为悠久的院系之一，其渊源可追溯到 1896 年四川总督鹿传霖创办的四川中西学堂中的算学馆。经过一个多世纪的沧桑变迁与学术积累，该学院已发展成为拥有数学系、九个教研室和三个本科专业的庞大教学科研单位。这些教研室涵盖了数论及其应用、高等数学、概率与统计等多个数学领域，而本科专业则包括数学与应用数学、统计学和信息与计算科学等，为学生提供了丰富的选择。此外，学院还建有国家应用数学中心等重要研究机构，为数学研究和应用提供了强大的支撑。

中国科学院大学数学科学学院概率统计方向。数学科学学院在这一学科的主要研究方向是随机分析，金融数学，复杂结构及复杂数据下的统计推断，生物医学领域的统计推断，社会经济、金融工程领域的统计，工业质量可靠性等。

3.4.2 统计类

我国高校的统计类院系和中心也数量众多，质量卓越。

北京大学统计科学中心。北京大学统计科学中心旨在整合全校的统计学科资源，推动统计学科在不同院系的发展与学科建设，并加强与大数据、人工智能等学科的融合。中心致力于促进统计学与其他学科的交叉合作，探索统计学与数据科学在其他学科中的应用，以提升相关学科的数据分析水平。中心的目标是打造一个具有国际先进水平、亚太地区领先的统计学研究中心，并吸引国内外优秀的统计人才。此外，中心还致力于培养全面发展的统计学与数据科学人才，为学术界、工业界和政府培养未来的领袖。

中国人民大学统计学院。中国人民大学统计学院拥有悠久的历史和卓越的学术声誉。自 1950 年建立统计学系以来，学院一直强调统计理论和统计应用的结合，不断拓宽统计教学和研究领域。学院在多次教育部学科评估中均名列前茅，显示出其在统计学领域的卓越地位。目前，学院拥有完整的学科体系，包括统计学一级学科博士点和博士后流动站，以及多个二级学科博士点和硕士点。此外，学院还开设了多个本科专业，是全国拥有理学、经济学、医学三大门类统计学专业最齐全的统计学院。

南开大学统计与数据科学学院。南开大学统计与数据科学学院源于 20 世纪 20 年代，由著名经济学家、统计学家何廉先生创立。学院在概率论与数理统计专业的基础上不断发展壮大，并在多次学科评估中被评为国家二级重点学科。学院积极响应国家“双一流”建设号召，不断提升学科水平和国际影响力。2018 年，学院在全国率先成立了统计与数据科学学院，全面负责统计学一级学科的“本－硕－博－博士后”以及应用统计专业硕士、数据科学与大数据技术本科的人才培养工作。学院坚持“学科立院、人才强院、交叉互融”的办学理念，致力于创建统计学前沿理论与方法，推动数据科学学科发展，并与校内外相关学科进行深入交叉融合，以扩大学科影响并主动服务社会。

东北师范大学数学与统计学院。源于 1948 年的数学系，2004 年撤系建院，现下设多个系、中心和研究所，并拥有应用统计教育部重点实验室。学院拥有数学一级学科和课程与教学论（数学）博士学位授予权，设立博士后科研流动站，并具备吉林省重点学科。目前，学院在多个专业招收博士研究生和硕士研究生，并开设两个本科专业。其主要研究方向包括统计学及其应用等。近些年，学院承担了多项国家级和省部级项目，教师发表大量学术论文，并荣获多项国家和省部级奖项。

东北财经大学统计学院。它是国内历史悠久的统计学院，拥有 70 余年连续发展历史。统计学科为学院传统优势学科，在国内外享有广泛赞誉，是财政部和辽宁省重点学科。学院依托统计学科建立了多个研究中心和团队，拥有全国著名统计学者和一流的科研教学团队。学院具备完整的“本－硕－博－博士后”人才培养体系，招生规模位居全国前列，教学质量高，多项成果获国家级和省级奖励。此外，学院还注重学科竞赛，培养了大量优秀统计人才，为社会输送了大批专业人才。未来，学院将继续加强学科建设和人才培养，为我国统计事业作出更大贡献。

上海财经大学统计与管理学院。自 1946 年创立以来，该院依托一批著名教授奠定坚实基础，并在多位教授的悉心培育下快速发展，为国家输送大量统计人才。近年来，学院在学科建设方面取得显著进展，多次获得国内外高度评价，包括在教育部一级学科评估中名列全国前茅，以及入选上海市高校一流学科建设计划。学院师资力量雄厚，拥有众多高学历和海外留学经验的教师，并与多家企事业单位建立紧密合作关系，为学生提供优质实践平台。作为国内最早建立统计学科的院校之一，统计与管理学院在人才培养方面亦成果丰硕，拥有从学士到博士的完整培养体系，并多次荣获重要学科荣誉。

浙江工商大学统计与数学学院。拥有深厚的办学历史，其统计学学科在教育部评估中名列前茅，并在中国研究生教育排名中持续领先。学院构建了完整的人才培养体系，涵盖“本－硕－博－博士后”各个阶段，并拥有多个二级学科博士点和硕士点。同时，学院下设多个系部，致力于为学生提供丰富多样的学术和实践机会。

中国科学技术大学统计与金融系。作为全国首个文理交融的系，致力于培养统计与金融领域的专业人才。该系拥有本科和研究生阶段的完整学位授权点，并在概率论与数理统计、金融工程等领域具有显著优势。此外，该系还设有多个科研机构，为学术研究提供了有力支持。

江西财经大学统计与数据科学学院。源自历史悠久的江西省立商业学校会统科，其统计学专业在全国学科评估中表现优异，被评为“A 类”，进入全国前 10% 行列。学院下设多个系所和研究中心，涵盖了经济统计、金融统计、数理统计和数量经济等多个领域，并聘任著名学者担任名誉院长，为学院的持续发展提供了有力保障。

3.4.3 系统科学类

中国科学院大学数学科学学院系统控制方向。数学科学学院在这一学科的主要研究方向是控制理论、管理科学与运筹学、系统工程、组合优化与系统分析、数理经济、数学机械化等。

北京交通大学数学与统计学院。历史悠久，学科发展、人才培养和科研成绩突出，拥有数学、统计学两个博士点及多个研究方向。学院注重科研平台建设，拥有多个重点实验室，并致力于打造高水平师资队伍。在国家级一流本科专业建设和科研项目方面成绩显著，多位教授入选全球顶尖科学家榜单。未来，学院将继续深化交叉融合，推动学术科研创新，为社会进步作出更大贡献。

国防科技大学理学院和系统工程学院。分别承担数理公共基础教学、理学学科人才培养和前沿基础研究，以及作战运筹、仿真工程等领域的人才培养与研究任务。两学院均拥有多个“硕－博－博士后”科研流动站，在多个学科领域取得显著成果，多次突破关键技术，形成军事应用成果。两学院均展现出强大的科研实力和学科优势，为国防科技大学和国家军队的战略需求作出重要贡献，未来将继续深化科研创新，培养优秀人才，推动科技进步和军事现代化建设。

中国科学院大学数学科学学院。源于中国科技大学研究生院数学教学部，历经多次更名与联合组建，现由数学与系统科学研究院承办，是国内首所科教融合学院。学院下设六个教研室，拥有数学与应用数学本科专业，数学、系统科学、统计学三个一级学科博士专业，以及一个博士后流动站。学院与数学与系统科学研究院高度融合，以基础理论研究为主，兼顾应用研究，是培养数学与系统科学研究生的重要基地。依托承办单位，学院集成了中国科学院大学与数学与系统科学研究院的综合优势，拥有高水平师资队伍，包括多名院士和杰出青年基金获得者，为科研、教学和研究生培养提供了坚实支撑。

4 本学科国内外研究进展比较

近几十年来，数学科学发展态势呈现出明显的各分支学科之间相互交叉和多学科之间的相互渗透融合。一方面，数学各分支之间交叉产生了许多新的生长点，开创了新方向，并因此导致多个有数百年历史的重大猜想得到解决，促进了数学科学自身的快速发展。另一方面，数学与自然科学更加广泛地交叉融合，以及与工程技术更加密切结合和更加直接的应用，已成为航空航天、国家安全、生物医药、信息通信、能源环境、海洋科学、人工智能、先进制造、智能交通、网络安全等领域不可或缺的重要支撑。

总体上讲，数学在下一个“五年计划”中还会保持一个高速发展的态势。对于我们国家来讲，下一个阶段数学发展的目标是：在数学的基础理论方面，扶植一些以年轻人为主的研究团队，争取产生若干在国际上有重大影响的成果，培养和造就一些具有竞争菲尔兹奖实力的青年数学家；在数学的实际应用方面，继续鼓励数学家关心实际问题，取得支撑解决国家重大战略需求的重大成果，培养一批具有交叉学科背景和核心攻关能力的研究团队。在国际上，若干前沿领域形成开创性和引领性的方向，在承担和解决国家重大急需的问题方面作出重要贡献，促进中国由数学大国向数学强国的快速转变。

4.1 论文产出规模

科技论文是科学研究的主要成果产出形式，论文数量可以大体揭示出一个国家科学研究的产出规模。

2011—2020 年，美国和中国是数学学科整体领域科研论文的主要产出国家，2011 年美国、中国发文量分别为德国的 3.00 倍、2.00 倍；2011—2018 年，美国发文量位居第一，中国紧随其后。从 2019 年开始，中国发文量赶超美国，位居第一，美国次之。2011—2020 年，中美的发文量远超位居第三的德国，2020 年美国发文量仍为德国的 3.00 倍，而中国则达到德国发文量的 4.00 倍。

2011—2020 年中国在数学学科整体的发文量虽存在小幅度波动，但整体呈现快速上升趋势。中国从 2011 年的 11 474 到 2020 年增至 27 934 篇，相当于 2011 年的 2.43 倍；从 2011 年发文量为美国的 59.00% 到 2020 年发文量为美国的 1.27 倍；从 2011 年占全球发文的 14.56% 到 2020 年占全球发文的 26.04%。

2011—2020 年，除中国的论文增长率较为突出外（143.45%），印度的论文增长率则高达 153.75%，位居排名前二十的国家之首，由 2011 年的 2 144 篇增至 2020 年的 5 440 篇。美国的增长率仅为 12.88%。

4.2 学术影响力

论文发表后的被引频次在一定程度上能够反映学术成果的影响力，独立计算一篇论文的被引次数对产出评估意义不大，但将其与同行出版物进行比较，可以了解其与平均水平的区别。由于发表率与引文情况在不同学科、文献类型、时间范围内变化很大，因此了解学科的潜在趋势，同时对同一研究领域、同出版年、同文献类型的出版物进行比较能够获得更有意义的结果。

本部分选取 InCites 数据库，对以下指标进行分析。

（1）相对于全球平均水平的影响力。某组出版物的引文影响力与全球总体出版物的引文影响力的比值（影响力值）。该指标展示了某项研究的影响力与全球研究影响力的关系，反映了相对的科研绩效水平。全球平均值总是等于 1。如该比值大于 1，即表明该组论文的篇均被引频次高于全球平均水平小于 1，则低于全球平均水平。

（2）学科规范化的引文影响力。一篇文献学科规范化的引文影响力（CNCI）是通过其实际被引次数除以同文献类型、同出版年、同学科领域文献的期望被引次数获得的。当一篇文献被划归至多于一个学科领域时，则使用实际被引次数与期望被引次数比值的平均值。一组文献的 CNCI，如某个人、某个机构或国家，是该组中每篇文献 CNCI 的平均值。如 CNCI 的值等于 1，说明该组论文的被引表现与全球平均水平相当，大于 1 表明该组论文的被引表现高于全球平均水平。小于 1，则低于全球平均水平。

①中国发文数量位居第二，但相对于全球平均水平的影响力远低于美国，在全球平均水平线左右。

中国的相对于全球平均水平的影响力值为 0.97，低于全球平均水平，在排名前二十的国家中排名第十三位，而美国这一数值则为 1.41，高于全球平均水平，在排名前二十的国家中排名第五位。说明中国学者在数学学科的发文影响力未达到全球论文平均水平。但中国的学科规范化的引文影响力值为 1.03，排名第十位，虽不及美国，但超过全球平均水平。说明中国学者在数学学科的发文影响力在该领域超过全球平均水平。

②俄罗斯、日本虽发文较多，但影响力较低。

在排名前二十的国家中，俄罗斯和日本发文量分别位居第七、第九，但两国的影响力相对较低，俄罗斯的相对全球平均水平的影响力及学科规范化的引文影响力排名都为第二十位；而日本两个指标分别位居第十八、第十九。

③瑞士、荷兰虽发文量不高，但影响力突出。

瑞士虽发文量排名第十九位，但其相对全球平均水平的影响力及学科规范化的引文影响力都位居第一，瑞士因其人口数仅为 800 多万，故产出较少，但其影响力却位列第一。而荷兰发文量排名第十八位，但两个指标分别位居第二、第六，相对其发文量而言，影响力较为突出。采用发文数量、相对于全球平均水平的影响力和学科规范化影响力三个指标体现了排名前十的机构的学术表现。因素有国家相对于全球平均水平的影响力、学科规范化影响力值、作者发文数量。发文数量主要代表了作者的科研生产力。

美国、英国、德国、加拿大有较高的学术影响力。日本、俄罗斯，学术影响力较低。中国对于全球平均水平的影响力较低，但学科规范化影响力较高。

由此可见，中国数学界的科研产出多，但未来需继续加强在研究质量方面的提升，逐步提升学术影响力。

4.3 国家数学家大会报告人分析

国际数学家大会（International Congress of Mathematicians，ICM），是由国际数学联盟（IMU）主办的国际数学界规模最大也是最重要的会议，会议是数学家们为了数学交流，展示、研讨数学的发展“会见老朋友”“结交新朋友”的国际性会议，是国际数学界的盛会。大会每四年举行一次，首届大会 1897 年在瑞士苏黎世举行，已有百余年的历史，它是全球性数学科学学术会议，被誉为数学界的奥林匹克盛会。

会议演讲分为“一小时”报告和“四十五分钟”报告。国际数学家大会的一小时报告俗称为“一小时”报告，是由组委会特别邀请，由作出重大贡献的数学家介绍重要研究方向上的最重要的成就，代表了近期数学的最重大成果与进展。被大会邀请做“一小时”报告是一个很高的荣誉；国际数学家大会“四十五分钟”报告的报告人是由国际数学联盟指定若干世界著名数学家组成的程序委员会根据近四年数学科学国际前沿工作中的重大成果与进展来确定的，在国际数学界中享有很高的荣誉。

2010—2022 年分别有 195 人、211 人、238 人、226 人做了大会报告，其中“一小时”报告，分为有 20 人、20 人、22 人（21 场）、21 人，“四十五分钟”报告分别有 175 人、191 人、

216 人、205 人。

对数学大会上做报告的科学家国籍进行统计，数量排名前十位的分别为：美国 301 人次、法国 124 人次、英国 58 人次、德国 50 人次、以色列 34 人次、中国 33 人次（含中国香港 1 人次、中国台湾 2 人次）、加拿大 29 人次、俄罗斯 26 人次、日本 25 人次、瑞士 25 人次。其中美国以全球占比约 34.6% 绝对优势位居第一；中国位居第六，演讲者人数约为美国的 11%，约占全球的 3.8%。

在大会的“一小时”报告中，美国以绝对优势位居第一，演讲人数量有所波动，但基本持平；中国则只在 2010 年和 2022 年分别有一位一小时演讲人。在大会的“四十五分钟”报告中，美国呈现逐年上升趋势；而法国则从 2014 年后呈现下降趋势；中国虽在 2014 年稍有波动，但整体呈现上升趋势，特别是 2022 年的“四十五分钟”报告人数首次超过 10 人次。

4.4 数学重要期刊国际比较

对在数学四大刊的发文作者的国家进行分析，中国的发文占比较低，与美国存在巨大差距，但同时中国的发文数量也逐步上升，从 2001—2005 年约为美国的三十分之一，全球的 2%，到 2016—2020 年的约为美国的十二分之一，全球的 5%。

美国是在四大期刊中发文最多的国家，每年占比超过 50%，法国次之，每年全球发文占比为 20% 左右。

4.5 数学重要期刊比对

在数学学科重要期刊中，美国的发文量排名第一位，远超中国，中国排名第五位，总发文量为美国的 23.38%。中国在 2016—2020 年的发文量为前五年 1.6 倍，有较大的增幅。美国 2016—2020 年的发文量为 17 407 篇，为 2010—2015 年的 1.16 倍，相对增幅较小。法国发文量排名第二位，约为美国的 26.34%，其次是德国（约为美国 24.91%），英国（约为美国 25%）。

在学术影响力方面，中国的学科规范化的引文影响力值超过美国，而相对于全球平均水平的影响力不及美国；澳大利亚则较为突出，影响力值分别为 2.51 和 4.65。在国际合作方面，中国的国际合作占比高于美国，而罗马尼亚是排名前二十的国家中国际合作占比最多的国家。

重要期刊的产出效率指国家重要期刊发文数量占本国全部论文数量的份额。

重要期刊排名前五的发文国家中，2011—2020 年美国的产出效率最高（15.56%），中国的产出效率最低（4.21%），不及美国的三分之一，中国在 2016—2020 年的产出效率相比 2011—2016 年有所上升（1.13 倍）；英国虽然发文量位居第四，但其产出效率较高（13.57%），优于排名第二位的法国（13.20%）。

4.6 国际合作分析

在文献计量研究中，国际合作论文是指署名国家超过一个国家的论文，自主研究论文指署名国家只有一个的论文。

在数学整体领域，排名前二十的国家的国际合作占比在2016—2020年相比2011—2015年都有所上升。中国国际合作比在排名前二十的国家中最低，而瑞士的国际合作占比最高。中国国际合作比约为美国的二分之一。

4.7 国际重要组织机构

4.7.1 美国普林斯顿高等研究院（IAS）数学学院

美国普林斯顿高等研究院（Institute for Advanced Study，IAS）于1930年建立，IAS的数学学院1932年建立（是IAS的第一个学院），秉持做“纯粹研究”的理念，吸引了包括爱因斯坦、冯·诺依曼等世界级大师。IAS的定位是“鼓励和支持科学和人文领域的基础性研究，那种原创性的，有利于产生新知识的理性思维将改变我们理解世界的方式”。IAS的研究课题摒除一切服务性职能，始终以纯粹的研究为唯一目的，知识的生产与应用有着严格的界限。这种致力于“纯粹研究”的理念一直延续至今。

IAS的运行主要基于两个原则，一是在研究所工作的个人应根据其能力单独挑选，不分种族、宗教或性别；二是研究所应使好奇心驱动的知识追求成为可能，而不考虑知识的直接效用或实现预定目标的期望。当前，IAS很大程度上遵循了IAS创始人弗莱克斯纳（Abraham Flexner）的设想：一个跨越学科界限的机构，使学者和科学家能够被自己的智力好奇心所驱动，吸引世界各地最有能力的研究人员，保持规模相对较小，从而保持学术社区体验。

组织模式。IAS的主要机构有数学学院、历史学院、自然科学学院、社会科学学院、理论生物研究中心（项目组）和图书馆。IAS实行董事会领导下的院长负责制。目前，董事会人数是31人，董事会成员主要由外界人士、学者、科研人员组成，并且多为国内外知名大学、研究机构、基金会的高管专家与学者。IAS设有1名院长，院长是董事会成员。

IAS数学学院的研究团队包括终身教授和访问学者共计8 000多名成员，这些成员影响了整个研究领域以及同事和学生的工作和思想，这些成员中包括35位诺贝尔奖获得者、62菲尔兹奖获得者中的44位、25位阿贝尔奖获得者当中的22位，以及许多沃尔夫奖和麦克阿瑟奖获得者，这些获奖者都隶属于该研究所。

IAS数学学院的研究团队由学院内的研究人员及学术或者行政支撑成员、来自世界各地的会员或者访客构成。当前，IAS数学学院有7名教授，6名荣誉退休教授，11名其他学术或者行政支撑成员。2022—2023年到访IAS的访问学者和隶属于IAS数学学院的成员有87名，访问学者和成员的头衔包括冯·诺依曼研究员、冯·诺依曼讲师、客座教授、杰出访问教授等。访问学者的访问期限一般为 0~0.5 年、0.5~1 年、1~2 年、2~3 年、3~6 年，最多不超过 6 年。

IAS 数学学院终身教授的人选任命需要由全体在职的终身教授投票通过，理事会和院长无权决定。理事会不能过分控制由多数终身教授投票决定的结果；建立了介于终身教授和理事会之间的委员会对行政决策进行检测，院长不能投票。这进一步厘清了理事会和长期职位终身教授之间的权力界限，巩固了研究院的学术自由。终身教授独立从事各自感兴趣的学术研究，无须汇报，更没有考核。IAS 不招收研究生、不授予学位，终身教授不承担教学和人才培养的任务。IAS 数学学院的一位终身教授带领一个研究小组，该教授的研究方向决定着 IAS 数学学院的学科方向布局和组织，院内的某位教授一旦对自己的研究领域失去兴趣，那么 IAS 数学学院的研究方向就会发生变化。对于访问学者、助理教授等短期聘任人员，他们如果对小组的研究主题失去兴趣，则可以选择其他的小组，当然也可以自行研究。IAS 规定他们在选择组织上具有自由权。这种自由结组的原则，促进了内部组织之间的成员流动。

经费资源。充足的经费与以捐赠为主的经费来源是 IAS 成为“学术研究圣地”的保障。IAS 的资金与资产相当雄厚。2018 年，IAS 的资产总额超过 9.7 亿美元。IAS 的资金来源还包括美国联邦、美国国家科学基金、美国国家人文基金以及美国能源部和美国国防部、美国国家健康中心和美国国家安全局等不同单位的捐助。美国国家科学基金会（NSF）数学科学部在“数学科学研究所计划”“几何分析计划”“代数、数论和计算计划”“应用数学计划”等计划中对 IAS 数学学院予以支持，其中，“数学科学研究所计划”是 NSF 长期支持的计划，IAS 数学学院是 NSF 数学科学研究所七个成员之一。密涅瓦（Minerva）研究基金会赞助 IAS 数学学院的 Minerva 研究计划，促进数学研究，并鼓励女性和少数族裔参与 IAS 的数学研究活动。

IAS 数学学院 2017 年支出经费 1 093 万美元，2018 年支出经费 1 186 万美元，IAS 数学学院的经费支出占 IAS 支出总额的 17%~18%。IAS 数学学院的大额经费主要用于研究支出和学者们的生活待遇与报酬。相对雄厚的经济基础不仅为学者进行学术研究提供了重要保障，而且为学者自由进行学术研究排除了后顾之忧。2007—2008 年，哈佛大学教授的平均年薪约为 18 万美元，而 IAS 的终身教授每年拿不少于 25 万美元的薪酬。2018 年教授的平均工资为 36 万美元。对 IAS 优越的研究条件，杨振宁曾这样评价：“普林斯顿是一个象牙塔，在这个象牙塔的 17 年我做了我一生研究中最成功的工作。我那时候没有后顾之忧，整天做的就是研究工作，既不用上街去买菜，也不用因为孩子病了去医院挂号，所有因为收入不够所带来的烦扰我都没有。”

学术活动。IAS 以“大师”为中心，汇聚了世界各领域内的科学标杆，如数学家维布伦、亚历山大、茅斯等。IAS 以研究者兴趣和研究问题为出发点，开展各项活动，活动的形式比较灵活，常以茶话会、研讨会、年会、专题讲座等方式进行，2018 年，IAS 共开展讲座、公共会议一千多场，IAS 倡导这种闲逸的探索方式，使得他们在“谈话的魅力和刺激中”提供“智力上的激励”。

IAS 数学学院的学术活动主要有五类，分别是研讨班、学术年、研究计划项目、冠名讲座、学术会议。IAS 数学学院有九类研讨班：计算机科学研讨班、离散数学研讨班、学术年专题研讨班、成员座谈交流会、分析与数学物理、分析研讨班、辛几何研讨班、数论研讨班、博士后座谈交流会。2020—2024 年的学术年主题是几何和模表示理论（2020）、几何和偏微分方程中的 h 原理和灵活性（2021）、动力学、加法数论和代数几何（2022）、p 进代数几何（2023）、代数与几何组合学（2024）。在研究项目方面，IAS 数学学院有女性与数学、理论机器学习、新兴主题、夏季合作者、Minerva 研究计划五个计划项目，每个项目都会开展一系列的学术活动。此外，还设有冠名讲座，如赫尔曼·外尔（Hermann Weyl）系列讲座、马斯顿·莫尔斯（Marston Morse）系列讲座、露丝（Ruth）和欧文·阿德勒（Irving Adler）解释性讲座以及艾美·诺特系列讲座等。此外，还与院外机构合作组织学术会议，如 IAS 参与 2022 年 6 月美国数学研究所、牛津大学、密歇根大学、斯坦福大学等组织的数论和随机矩阵理论 50 年等学术会议。IAS 数学学院是数学领域四大顶刊之一的《数学年鉴》（*Annals of Mathematics*）的承办组织之一。

4.7.2 法国高等科学研究所

法国高等科学研究所（IHES）建于 1958 年在莱昂·莫查内（Léon Motchane）的筹建下成立。作为一名热爱数学的商人，莱昂·莫查内计划创建一个研究中心。该中心将成为欧洲与美国普林斯顿高等研究院（IAS）相媲美的研究机构。IHES 主要研究数学，理论物理学及其相关科学，旨在“为杰出的研究人员提供完全的自由研究”，成为一个具有国际影响力的法国研究中心。IHES 鼓励好奇心驱动的研究，是数学理论和理论物理领域的国际领先机构。

组织模式。IHES 由董事会管理，董事会成员最多 18 人。其成员包括国家代表［法国高等教育、研究与创新部和法国国家科学研究中心（CNRS）］、创始人代表和个人成员。董事会每年召开两次会议，主要是听取主任汇报和批准上一个财政年度的决算，提出本财政年度的修订预算以及听取介绍与研究所有关的各种项目和活动。IHES 设有科学委员会，主要负责规划研究所的科研工作，招聘长期教授，挑选受邀访问人员和制定学术活动计划。

经费资源。IHES 在 1981 年被法国认定为公共利益事业机构，经费来源包括法国政府、法国国家科学研究中心、欧洲研究理事会（ERC）和国际资助网络等。自 1964 年以来，法国高等教育、研究与创新部一直支持 IHES，是 IHES 预算的主要资助者，现今，法国高等教育、研究与创新部每年向 IHES 发放一笔赠款，约占其预算的一半。法国国家科学研究中心支付 4 名长期研究人员的工资并资助部分科学活动。巴黎萨克雷大学（Paris-Saclay University）、雅克哈德玛基金会（FMJH）等机构合作伙伴为该研究所的部分科学活动提供资金。自 2016 年以来，IHES 还一直获得欧洲研究理事会（ERC）的资助。欧洲研究理事会资助的项目包括晶格模型的关键行为和递归和精确新量子理论（Renew Quantum）。此外，IHES 还获得包括瑞士科学院（1973 年），德国马克斯·普朗克（Max Planck）学会（1975 年），比利时科学政策办公室（1976 年）等国际资助。其中，西蒙斯基金会是 IHES 最重要的捐助者。从 21 世纪初 IHES 开始筹款活动到 2021 年，西蒙斯基金会向 IHES 捐款超过 2 500 万欧元。2021 年，西蒙斯基金会的联合创始人承诺在未来十年内再提供 2 500 万欧元支持高等教育学院。这些资金将用于资助博士和博士后研究基金，为有杰出业绩的天才青年科学家提供职位，允许主要研究人员享受长期休假。西蒙斯基金会还资助长期教授开展同调镜像对称、非微扰处理方法等研究。

人才队伍。研究所有 6 位长聘教授，1 名初级教授，5 名荣休教授，每年接待 200 位左右来访者，开展广泛多样性的主题交流活动，从而有助于研究所的科学活力。在 IHES 过去曾聘的 12 位数学教授中，有 7 位被授予菲尔兹奖，且大多数在获奖时都在 IHES。

学术活动。IHES 全年组织众多学术活动，包括国际会议、研讨会、学术报告、系列讲座和暑期学校等，为期数天，汇集了来自巴黎及周边地区，法国及其他国家的一百多名参与者。IHES 科学委员会每年两次选出来自世界各地的约 200 名数学家和理论物理学家，邀请他们来到 IHES 进行他们的研究项目，与 IHES 的其他研究人员合作并参与研究所的活动。

4.7.3 加州大学伯克利分校数学系

机构定位。加州大学伯克利（UC Berkeley）分校，数学系是美国最令人兴奋和国际化的数学研究和教学中心之一，被公认为是世界上最广泛、最活跃、最杰出的数学系之一，伯克利数学系在 2022 年 QS（Quacquarelli Symonds）世界数学排名中位列第五位。

组织模式。加州大学伯克利分校数学系隶属于文学与科学学院，由于文学与科学学院的规模和广度，它由一个院长团队领导，包括院长和数学物理系等四个系主任，共同领导整个学院的研究和教学。目前文理学院有一支 26 名行业、政府和学术界领袖组成的学院咨询委员会为文理学院提供咨询。

从成员组成来看，加州大学伯克利分校数学系设立一名主任，三名副主任（分别负责教职员工，研究生和本科生事务），设立学术委员会、学术研讨会委员会、课程委员会等多个委员会管理对应的业务。评议会教职员工 90 多名，博士后 20 多名，讲师 10 多名，访问学者约 20 名，10 多名其他员工，研究生 200 多名。

从研究架构来看，加州大学伯克利分校数学系有六个研究领域，有美国国家科学基金会（National Science Foundation，NSF）资助的两个研究培训小组（RTG，表示论、几何和组合论相互作用 RTG、几何与拓扑 RTG），3 个非法人研究中心［西蒙斯·劳弗（Simons Laufer）数学科学研究所、劳伦斯·伯克利国家实验室数学系、阿道夫·C（Adolf C）和玛丽·斯普拉格·米勒（Mary Sprague Miller）科学基础科学研究所］。

经费资源。NSF 的数学科学研究小组计划资助伯克利数学系的两个研究生和博士生研究培训小组，据 NSF 官网数据，截至 2022 年 7 月 6 日，2004—2018 年，NSF 资助了 6 个此类项目，总金额约 1 104 万美元。

Simons Laufer 数学科学研究所得到 NSF、美国国家安全局（National Security Agency）、100 多个学术机构、一系列私人基金会以及个人的支持。

Adolf C 和 Mary Sprague Miller 科学基础科学研究所由信托基金资助成立。

科研团队。加州大学伯克利分校数学系科研人员主要分布在 6 个研究领域、2 个研究培训小组，以及 3 个研究中心。

六个研究领域的教师情况。代数研究领域评议教师约 20 人、数学分析研究评议教师 10 多人、应用数学研究评议教师 20 多人、几何和拓扑研究评议教师 20 多人、数学逻辑研究评议教师 10 人、概率研究评议教师 5 人，表示理论、几何和组合学相互作用方面的研究培训小组教职员工 9 人。其中，代数研究领域、几何和拓扑两个研究领域的研究人员和 NSF 资助的研究培训小组的研究人员有交集。数学逻辑研究团队的一些成员属于逻辑学和科学方法学小组（跨数学和哲学等学科）。

三个研究中心的科研人员。① Simons Laufer 数学科学研究所邀请并支持美国和世界各国的大量的博士后和教师等优秀数学人才交流访问并开展数学前沿研究，每年大约有 2 000 名数学科学家访问。②劳伦斯·伯克利国家实验室数学系教职员工不足 10 人（包含研究科学家、教职科学家，不包括访问教职科学家）。③ Adolf C 和 Mary Sprague Miller 科学基础科学研究所邀请并支持美国和世界各国的大量的博士后和教师等优秀数学人才交流访问并开展数学前沿研究。Adolf C 和 Mary Sprague Miller 科学基础科学研究所在数学学科面向加州大学伯克利分校等机构的教师设立米勒研究员、高级米勒研究员、米勒教授等职位，截至 2022 年 7 月，获得上述称号的伯克利数学系教职员工约 40 人，其他机构的数学研究人员有 100 多人。参加米勒（Miller）研究员项目，米勒研究教授项目，访问米勒研究员项目的米勒研究所成员没有教学职责，可以自由地将全部时间和精力投入到研究和合作中。

研究方向。加州大学伯克利分校数学系有六个研究领域：代数研究、数学分析、应用数学、几何和拓扑、数学逻辑、概率。

两个研究培训小组的研究方向是表示论、几何和组合数学的相互作用，几何与拓扑。

三个研究中心的研究方向分别是① Simons Laufer 数学科学研究所［原名为数学科学研究所，为感谢捐赠人的巨额（约 7 000 万美元）捐赠，更名为 Simons Laufer 数学科学研究所，2022 年 8 月正式更名。］涵盖数学科学的所有分支，研究方向包含纯数学、应用数学和跨学科数学三个大方向。②劳伦斯·伯克利国家实验室数学系重点关注数值和分析方法的开发及其在物理和工程中的应用，主要研究方向有移动界面（moving surface）的理论、算法和应用；用于隐式界面方法（implicit interface methods）的高级和开源数值算法、用于流体界面动力学的高阶精确隐式网格间断伽辽金方法（high-order accurate implicit mesh discontinuous Galerkin methods）；高效准确的电子结构计算数值方法；数值分析和反问题。

③米勒研究所数学关注数学的基础研究和应用研究两个大的方向。

人才培养（本科生培养）。加州大学伯克利分校数学系为有能力和兴趣的数学系本科生设立荣誉课程，科目有线性代数和微分方程、分析入门、线性代数、多变量微积分、抽象代数、复杂分析。还鼓励本科生参加普特南（William Lowell Putnam）数学竞赛和数学建模竞赛等比赛。

人才培养（研究生培养）。加州大学伯克利分校数学系有两个 NSF 支持研究生和博士生的研究培训小组，分别是在代表理论、几何和组合学领域和几何、拓扑和算子代数领域。

加州大学伯克利分校数学系还有一个附属的跨学科博士生项目。逻辑学和科学方法学小组，该项目 1957 年发起，典型的研究领域：①数学基础，包括集合论、递归论、模型论和证明论；②哲学逻辑，包括模态逻辑；③数学哲学；④计算机科学和人工智能中的逻辑；⑤计算复杂性理论；⑥逻辑史。

人才培养（博士后培养）。Simons Laufer 数学科学研究所为博士后提供培训，每年该研究所有两个重点项目邀请美国和世界各地的优秀博士后参加。Adolf C 和 Mary Sprague Miller 科学基础科学研究所通过米勒研究员项目支持博士后开展数学研究。

学术活动：加州大学伯克利分校数学系学术活动主要包含座谈会，每个月至少有两次座谈会、讲座、讲习班和会议、研讨会。

加州大学伯克利分校数学系有七个系列的数学讲座，分别是鲍恩（Bowen）讲座、陈氏讲座、DiPerna 讲座、Serge Lang 本科生讲座、塔尔斯基讲座、Simons Laufer 数学科学研究所埃文斯讲座系列、陈 - 西蒙斯研究讲座。前五个讲座在近年来连续举办，几乎没有中断。DiPerna 讲座聚焦应用数学最新进展，Serge Lang 面向本科生，Simons Laufer 数学科学研究所（MSRI）埃文斯讲座展示美国国家数学研究所研究进展，陈 - 西蒙斯研究讲座聚焦数学物理领域。2013 年 10 月至 2022 年 7 月，加州大学伯克利分校数学系共举办过 12 次讲习班 / 会议。

4.7.4 日本京都数理解析研究所

日本京都数理解析研究所（RIMS）成立于 1963 年，隶属于京都大学，紧邻京都大学基础物理研究所（YITP）。RIMS 旨在推动数学科学研究，提升日本全国数学水平，培养数学人才，成为国际一流的数学科学研究中心。RIMS 主楼是一栋四层建筑，周围环境幽静，适合“头脑风暴”后的数学家、物理学家休息漫步。

RIMS 是日本数学科学研究的核心研究所，研究方向涵盖了数学科学前沿领域，其中优势方向是代数几何、表示理论和数论研究，此外也包括分析、微分几何、辛几何、拓扑、算子代数、概率、流体动力学、离散数学、逻辑和计算机科学、理论物理和量子场论等研究方向。建所以来，RIMS 在数学科学研究中卓越成就，先后两人获菲尔兹奖，两人获沃尔夫奖，一人获高斯奖，还有因为 ABC 猜想工作被国际数学家广泛关注的数学家望月新一（Shinichi Mochizuki）。

管理体制。RIMS 的管理结构由所长、副所长、执行委员会、咨询委员会、学术委员会组成。现任所长是山田美正（Michio Yamada）教授。执行委员会，由研究所主任、教授和一些京都大学教授组成，对 RIMS 的重要事项进行审议和决定。咨询委员会，由若干 RIMS 内外的教授组成，主要回答所长对研究所管理中的各类问题。技术委员会，由若干 RIMS 内外的教授、副教授组成，对与研究所合作交流事宜进行审议。教授会议，由 RIMS 所长和教授组成，审议审查研究所，如人事聘用等重要事项。

组织结构。RIMS 的管理结构由基础数学、无穷维分析和应用数学三个研究部和计算机实验室四个研究单元组成。此外，RIMS 还支持了数学合作交流中心、量子几何研究中心、数学科学联络中心三个研究中心。基础数学学部主要研究数论、代数几何、拓扑等；无穷维分析学部主要研究无穷维分析、无穷维对称、几何结构、概率等；应用数学学部主要研究微分方程、离散系统、科学计算、复杂系统等；计算机实验室主要研究软件技术理论及开发软件；数学合作交流中心旨在促进日本国内外杰出数学学者的学术交流合作（前身是 2012 年成立的国际数学前沿研究中心）；量子几何研究中心旨在促进量子几何这一新兴学科研究（2012 年成立）。数学科学联络中心旨在促进 RIMS 应用数学领域与其他学科领域开展合作研究，推进与企业界合作研究。

人才队伍。RIMS 现有约 40 位科研人员，其中教授 12 人，副教授 9 人，讲师 4 人，助理教授 11 人，项目聘用助理教授 3 人，此外，RIMS 还有 10 多位博士后。RIMS 人员团队中近三分之二做的是纯数学研究，剩余的人员是从事应用数学研究，包括优化理论，数学物理，流体力学，理论计算机科学等。成立至今，RIMS 成员获得多项国际重要奖励荣誉和奖章，包括两枚菲尔兹奖奖章、一枚高斯奖奖章和两枚沃尔夫奖奖章。RIMS 现有行政人员 13 人，另聘有若干课题秘书。此前 RIMS 有行政人员近 20 人，京都大学将财务工作统一管理后，RIMS 的行政人员职位减到 13 人。行政人员与科研人员比例约为 1∶3。

人才聘用。人才是 RIMS 成为领先研究机构的最重要因素。为了保持高水平的数学研究，任用或提拔科研人员必须具有较高的科研才能和较强的科研潜质。讲师、副研究员和研究员的选聘由 RIMS 的教授会议集体决定。RIMS 实施非终身职位，这样有助于提高助理研究员的流动性和灵活性。助理研究员聘用采用“7+3”，一般助理研究员都是签 7 年的合同（也有个别情况再延续 3 年，但是总计不超 10 年）。只有最有潜力的助理研究员才能通过教授委员会的评估，得到固定职位。RIMS 也鼓励助理研究员教授研究生课程，这种教学经验也为他们提高了就业机会。此外，RIMS 吸引了许多来自日本其他大学的优秀博士报名申请博士后。RIMS 会组织教授会议挑选博士后，申请人只要提交申请材料，包括推荐信和发表的论文，不需要面试。RIMS 每年大约会招收 10~15 个博士后，这些博士后会从全球 CEO（GCOE）项目或日本学术振兴会（JSPS）项目得到资助，每年的资助经费约是 550 万日元，其中科研经费 120 万日元，但竞争非常激烈。

研究生培养。RIMS 的定位之一是数学科学研究生培养，目前东京大学拥有日本规模最大的数学研究生，京都大学的数学研究生人数排名第二位或第三位，而在京都大学数学研究生培养中，RIMS 发挥着至关重要的作用。关于数学系研究生的去向，大部分硕士研究生继续攻读博士学位，大部分博士继续攻读博士后或是去日本其他大学任职。

京都大学数学系学生大多数会选择本系继续研究生学习。由于 RIMS 的科研人员并不参与数学系本科生教学，因此这可能会影响到 RIMS 招生。为缓解这一问题，RISM 部分科研人员为高年级的本科生组织研讨班，此外，近年来 RIMS 开始和京都大学联合实施全球顶尖大学项目“日本门户计划”（Japan Gateway Program），联合培养研究生，每年共同培养研究生约 40 人，并努力为他们提供充满活力和创造性的学习环境。RISM 硕士研究生和博士研究生分别是两年制和三年制。硕士研究生一般自己承担生活费用，每学期会设置有若干奖学金，但大部分还是要靠银行贷款。博士研究生可以申请国家 JSPS 项目，其经费既可以支持生活费用，也可以支持科研经费，每年 RISM 的博士研究生新生中会有 2~4 人获得 JSPS 项目支持，每年约 260 万日元。对于没有 JSPS 项目支持的博士研究生，需要自己承担生活费用，科研活动可以从 RISM 的所内经费得到支持。

学术交流：RIMS 的学术交流非常活跃，学术交流的平台是国际联合研究中心。RIMS 每年都会围绕一到两个专题，举办了若干研讨班，接待高级国际访问学者，他们的来访时间从几周到几个月不等。2010 年，日本文部科学省（MEXT）将 RIMS 设置为联合研究中心（Joint Usage/Research Center，JURC），旨在促进日本数学科学研究，为全国数学学者提供高水平联合研究平台。JURC 项目结束后，2018 年 11 月，MEXT 将 RIMS 设置为国际联合研究中心，旨在将 RIMS 搭建成日本国内外数学研究机构的国际枢纽，促进国际合作交流，提升日本数学学者的研究能力和学术水平。

在组织这些学术活动时，RIMS 国际联合研究中心有些类似于奥伯沃尔 - 法赫（Oberwol-fach）数学所、班夫研究所。IJURC 项目每年面向社会公开征集一次，全日本的数学学者都可以申请。由咨询委员会评审与学术活动相关的重要事项，由技术委员会对申请项目进行遴选。两个委员会均由 RIMS 教授、京都大学教授和日本科学委员会专业委员会推荐专家组成。此外，RIMS 还设置了若干国际顾问，就国际数学发展趋势和重要方向提出建议。特别地，对于一些紧急且重要的前沿研究项目，可以随时给予特别支持。

IJURC 将设置研究项目开展以下四种类型的学术活动：联合研究项目（公开）、联合研究项目（团体）、合宿式（Gasshuku-style）研讨班和 RIMS 长期研究学者。联合研究项目（公开）就特定的研究主题在 RIMS 组织学术活动，这些活动计划将提前发给各高校和学术机构，面向所有学者公开。联合研究项目（团体）由 RIMS 内外两名以上的研究人员组成研究团队，进行为期 1~2 周的合作研究。合宿式研讨班旨在培养有潜力成为各研究领域领军人才的青年人才。RIMS 长期研究学者，邀请国内外学者到 RIMS 进行至少为期两周的学术访问。每年 IJURC 组织以上四类学术活动约 90 场，参加人数近 4 000 人，其中海外学者约 400 人，美国学者约占四分之一，英国、德国、法国、俄罗斯、韩国、澳大利亚、意大利等学者超过三分之一。会议论文集及相关学术成果发表在学术刊物 *RIMS Kôkyûroku* 上。静修研讨会（retreat-style Seminars）每年 2~3 场，每场为期一周，每场邀请 10 位年轻顶尖人才和 10 位海外著名数学家参加，通常是在一场大型研讨会结束后组织的，一般是在 RIMS 以外的地方举办。这 20 位学者集中起来，同吃同住，随时进行学术研讨，这样也为这些日本国内数学学者与国际著名数学家紧密联系，开展后续交流合作提供了极好的机会和平台。国际杰出访问教授，设有 3 个外籍杰出访问教授的职位，通常每位教授访问 2~3 个月，每年邀请大约 10 位教授。这些客座教授的教学活动十分密集，组织高水平的系列课程，与京都研究生广泛交流合作，并每年协助若干博士研究生回访美国、德国、英国和其他地方的大学，完成他们的博士学位。此外，每年邀请约 10 位访问教授，他们全年随时可以到 RIMS 进行中长期访问，与 RIMS 科研人员开展合作研究。此外，RIMS 也与日本的其他研究所，以及韩国、巴基斯坦、意大利、德国和加拿大的国际研究所等机构开展一定的国际交流合作，这些国际交流协议对于促进短期、中期研究访问非常切实有效。

经费支持。RIMS 年均经费中 90% 是研究所的稳定经费，其余 10% 是科研人员申请，或是参加其他研究团队的项目经费。以 2016 年为例，RIMS 年均经费约 900 000 000 日元（约 5 800 万元人民币），其中人员费约 420 000 000 日元（约 2 700 万元人民币），管理费约 280 000 000 日元，科研补贴约 140 000 000 日元，项目经费约 100 000 000 日元。

评估评价。RIMS 每五年组织一次对研究所的国际评估，组织国际专家评估组。RIMS 完成自评估报告，报告包括组织结构、科研经费及人才队伍等，并提交专家组评估。国家评估专家还会对 RIMS 进行为期两天的现场评估，包括 RIMS 所长报告、学部带头人报告，以及专家组与研究员、副研究员、助理研究员、博士后和研究生的座谈等。现场评估结束后，专家组会初步形成一份评估报告反馈给研究所。一个月以后，专家组会形成一份详细的评估报告，内容主要包括评估研究所的整体情况、面临的问题及未来有可能会出现的问题。RIMS 并不会对固定人员开展评估，但是通过研究所每年的年报，科研人员会提交当年的主要工作和发表的论文，但不会与工资挂钩。

产出和影响。RIMS 作为日本数学的研究中心，也承担着向民众普及数学科学知识的作用。自 1976 年以来，RIMS 每年夏天都组织三场科普性的公开讲座，向包括高中生和老年人在内的普通听众介绍现代数学。此外，RIMS 每年在京都大学为新生举办一系列的数学科学基本概念及其在其他学科中的应用介绍报告会，每个学期会讲 14 节课，涉及数学的各个领域。RIMS 平均每年发表大约 80 篇论文，其中超过一半是与国外数学家合作完成，超过三分之一的论文发表在国际数学排名前十分之一的期刊上。

支撑服务。RIMS 现有固定职位行政人员 13 人，另聘有若干课题秘书，约 20 人。行政人员与固定职位人员比例约为 1∶3。高比例的行政人员确保科研活动高效有序地开展，为科研人员提供全面、细致的服务，使得科研人员安心做学问。RIMS 网站上详细地提供了访问学者到访京都大学的路线、住宿酒店等，也可以与行政人员联系，他们会帮忙预订酒店及接送车辆。

5 本学科发展趋势及展望

中国数学在规模上与美国同为第一梯队，在水平上位于国际前列，部分领域和方向已迈入了世界数学强国行列，整体上与美国、法国等数学强国仍有差距。

我国数学家在航空航天、国家安全、生物医药、信息安全、能源、人工智能、先进制造、经济金融等领域与相关领域专家紧密合作，为这些领域的发展作出了重要贡献。

5.1 问题

目前，我国数学学科能作出重大创新、引领发展的数学家人数比例极小，具体表现为旗帜性的数学家群体少，还缺少有重大国际影响的数学学派，缺少重大原创性的数学理论和成果，本土数学家在菲尔兹奖和沃尔夫奖等世界顶级大奖还没有实现零的突破等诸多方面；承担和解决国家重大需求问题的能力与贡献不够突出；数学各分支的发展不平衡，尤其一些重要数学学科研究队伍的建设比较薄弱；与其他学科融合的研究力量比较起来也相对薄弱。

长期以来，与欧美发达国家相比，我国数学学科获得资助的渠道较少、总体资助强度较低。而且资助渠道主要为国家对数学学科研究的投入。国内企业对数学等产出成果周期较长的基础学科的投入严重不足。

近年来，企业对数学学科的奖项和赛事的关注度有所提升，但存在急于宣传品牌而忽视数学界传统奖项和赛事，不具备国家长远战略眼光的特点。近年来，部分企业匆匆上线以自己独立运营的新奖项和赛事，这些奖项和赛事的发展往往受制于该企业的发展战略和财务状况，基本不具备超长期稳定投入的条件。从长远发展的角度来看，不利于打造具有高度国际声望的中国品牌。

5.2 挑战

近十年，中国数学的发展已取得了诸多突破。但现阶段，中国数学距离世界一流水平还有一定的差距，面临着从数学大国向数学强国的转变。现阶段和今后较长一段时期，中国数学还面临着如下挑战。

（1）基础数学方面，力争有一定数量的我国数学家成为数学研究领军人物，使我国成为引领国际数学发展的国家之一。

（2）应用数学学科，服务于国家重大战略需求，力争在国防及国家重大战略中的关键数学问题的研究走在世界的前列。

（3）尊重学科发展规律，在加强和加大对基础数学和应用数学的支持的同时，以建设数学强国为目标，杜绝急功近利的短视政策，用十年的时间将与数学第一梯队的差距缩减一半。在数学领域，力争开辟出能引领国际数学未来的新专题、新方向和新分支，形成中国学派。

（4）培养和打造具有较高国际声誉的数学奖项和比赛，提出具有较高国际关注度的数学问题。

（5）发展一批具有国际影响力的中国数学期刊。

（6）培养国际级的数学大师。

（7）提高中国的高水平数学论文的数量，提升中国数学家的整体研究水平。

（8）在菲尔兹奖、沃尔夫奖等国际著名数学奖中取得突破。

5.3 对策建议

一是抓好青少年数学教育，做大数学人才自主培养基数，蕴蓄数学自立自强源头活水。在小初高的考试内容中扩充数学前沿、数学历史、数学哲学的教学内容；增加高校、研究机构的数学领军计划试点，在现有部门地方的各类人才计划中增加数学学科人才，尤其是增加青年数学人才的占比，为更多有数学天赋和兴趣的青少年提供脱颖而出的机会与优越的学习研究环境；增加数学专业毕业生就业岗位和定向分配数量，持续增强青少年对数学的兴趣和从事数学工作的意愿，扩大数学专业本科生数量；建立数学主题展览馆、博物馆，增加数学科普日和科普活动，进一步提升数学科普质量。

二是根据数学研究规律和数学人才成长特点，完善数学评价体制机制，不断强化数学服务国家重大战略需求的评价导向。针对数学的不同细分类别，改进数学成果评价和贡献测算方法，完善符合各类型、各年龄段数学人才成长规律的创新评价体制机制，激发数学工作者研究国家重大战略需求和国际前沿问题的斗志和活力；在中国科学院、中国工程院、国家自然科学基金委员会、国家实验室等机构设立独立的数学学部，强化数学研究和资助的主体责任，对制约国家核心产业发展的瓶颈技术中关键数学问题、经济社会中影响人民生命健康的普适性数学问题给予高强度研究支持，确保资助渠道的长期稳定和数学研究资源的高效配置；以新型举国体制积聚力量进行数学原始创新，尤其注重攻克大数据和人工智能、量子信息、先进制造等新兴技术领域的数学基础问题，抢占科技革命和产业变革先机。

三是营造数学创新文化氛围，聚集天下数学英才，加快建设世界重要数学人才中心和创新高地。面向全球吸引和留住数学人才“下放用人、留人权力”，奖励引进数学人才的单位和个人，尤其关注俄罗斯、乌克兰、法国、德国、印度、中东等地区的数学人才；开展数学园区、数学城试点建设，在安家、子女教育、父母养老等方面优待数学工作者；支持和引导企业、民间社团等非政府组织从事数学研究、开展国际学术交流与科研合作，在奖项设置、比赛设立、学术刊物运营等方面进一步给予便利条件；注重营造“服务国家需求、鼓励自由探索、接纳长期零成果、宽容失败不唯师”的学术生态环境和创新文化氛围。

参考文献

[1] https://www.math.pku.edu.cn/.
[2] https://math.fudan.edu.cn/.
[3] https://www.math.sdu.edu.cn/.
[4] https://math.tsinghua.edu.cn/.
[5] https://math.bnu.edu.cn/xygk/xkjj/.
[6] https://math.nankai.edu.cn/.
[7] https://www.math.sjtu.edu.cn/Default/.
[8] https://math.ustc.edu.cn/xyjj/.
[9] http://math.xjtu.edu.cn/.
[10] https://www.cdgdc.edu.cn/dslxkpgjggb/.

专题报告

基础数学研究进展

1 发展规律简述

作为一门学科，数学包含它的理论、方法以及与其他学科的交叉部分。数学发展的动力既来自内部产生的需求，也来自解决现实世界提出的具体问题所产生的需求。过去的半个世纪是数学发展的黄金时代，其发展速度超越了历史上任何时代，许多重大问题得到解决或取得了突破性的进展，成就斐然。数学的主要发展趋势表现为数学内部各分支的融汇，数学与其他科学更加自觉地交叉以及数学与高技术的深入结合。根据这些不同的特点，本报告在本专题中将数学划分为基础数学、概率统计、应用数学和跨学科应用数学四个部分，对这四个部分作概况梳理。

综合历史发展脉络与现代的结构分类方法，在比较广泛的意义下基础数学主要包括代数与数论、几何与拓扑、分析学三大部分。它既是整个数学的理论基础，也与数学的其他部分一起在自然科学、工程技术与社会经济中或直接或间接地得到广泛深入地应用。基础数学所具有简洁性和抽象美不仅强烈地吸引了众多的科学家和工程技术人员，也被社会大众所仰慕。

虽然数学研究发端于解决实际问题，但自 19 世纪后期起越来越多的数学研究按照数学的内在价值观来自由地发展数学，侧重于关心数学理论自身的发展以及逻辑的完整性。可以说，数学研究的这一发展趋势是人类原始创新精神的最完美体现。这种趋势并未使得数学研究丧失活力，反而极大拓展了自身的发展空间，为数学越来越广泛深入地应用提供了思想方法和理论支撑。这些重要的发展催生了基础数学。

基础数学发展的主要动力来自数学家追求研究成果简洁性和抽象美的好奇心。在这种好奇心的推动下，数学家基于理论框架与逻辑链条的完整性发现与提出问题，并遵循从特殊到一般的思路对已有理论进行抽象化和一般化，最终达到对所关注问题的彻底解决。这已成为基础数学研究与发展的基本模式。在此过程中，人们既简化了原有的理论，又导致了对所关注问题更加深入的理解，或使得一些理论得到统一，或大大扩展了原有理论的应用范围，并且导致一些不同领域的联系更加紧密且易于理解，为解决其他领域的关键问题中提出了一些共性的基础理论问题。

2 分支概述

基础数学主要包括代数与数论、几何与拓扑、分析学三大部分。

2.1 代数与数论

代数与数论发端于人类对计数的需求和利用符号运算求解未知量的需求，一直伴随着人类文明的发展，具有悠久的历史。在现代更广泛的意义上，这里的代数与数论主要指数论、代数、代数几何与数理逻辑。

数论与分析数学（尤其是复分析）的结合形成解析数论，过去一百多年的发展使人们对素数的认识大大加深，标志性的结论有素数定理，哥德巴赫（Goldbach）猜想和孪生素数猜想的进展等。

数论与代数的结合形成代数数论，与代数几何的结合形成算术代数几何，现在是特别有活力的分支。费马大定理的证明是代数数论和算术代数几何的一个伟大成就。代数几何已成为数论研究的强大工具，在韦伊（Weil）猜想、费马大定理、朗兰兹（Langlands）纲领中的基本引理等标志性成果的证明中都起着关键的作用。

数论与表示论的结合现在是备受关注的研究方向，一个特别引人注目的主题就是朗兰兹纲领。该纲领建立了代数群表示与数论之间的深邃的联系。这个纲领的中心问题是函子性猜想，它描述了不同代数群的自守表示之间深刻的联系。

数论与遍历论的结合，组合数论最近这些年的进展令人吃惊。一项突出的成就是陶哲轩（T. Tao）和格林（Green）证明了素数等差数列可以任意长。这是陶哲轩获菲尔兹奖的主要内容之一。

数论现在正处于一个特别活跃的发展期，重大成果不断涌现。重大问题中还包括黎曼（Riemann）假设与 BSD 猜想两个“千禧年问题”等着人们去解决。

代数是数学最为古老的分支之一，最初的主要研究对象是多项式和多项式方程，本质上这些对象背后是运算加减乘除的性质。随着数学的发展，新的运算系统不断产生，代数的研究内容日益丰富，与其他数学分支的联系也日益密切，既为其他分支提供工具，也从其他分支获得发展的源泉和问题与动力。数论对代数的发展起十分重要的作用，很多新的运算系统来自数论，同余给出了一类特别重要的有限域、有限环和有限群。

拓扑学尤其是代数拓扑是代数学发展的重要源泉，现在很为人关注的霍普夫（Hopf）

代数就是来自拓扑学的研究，量子群就是一类特别的霍普夫代数。而量子群的典范基的理论部分激发了丛（cluster）代数理论的产生。近十多年丛代数理论发展迅速，还建立了二维黎曼面的三角剖分与代数表示论的联系。现今，代数学最引人注目的方向是表示论，尤其是李代数表示论，其次是重要的代数结构如群、李代数、顶点算子代数、量子群、代数、环、域等的研究。

群表示理论是一个庞大的研究领域，在数学和物理中应用广泛。李群和代数群在单位元处的切空间是李代数，可以看作李群和代数群的线性化。李代数和相关的代数如顶点算子代数等及其表示同样在数学和物理中应用广泛。有限群的表示可以通过其群代数的模来研究。过去几十年，代数的表示论有很大的发展，尤其是林格尔（Ringel）发现代数表示论与量子群的联系之后。在过去几十年中，表示论的一些影响深远的发展包括几何方法在代数群和量子群表示理论中的应用，并由此产生了几何表示论；用表示论研究数论的朗兰兹纲领和一个平行的几何朗兰兹纲领；李（超）代数及其表示的发展与在理论物理和数学物理中的应用；还有近二十年的一股范畴化潮流。另外，传统的李群表示理论、代数表示论和有限群的模表示理论也是非常活跃的。这些依然是表示论的主要研究方向。重要的代数结构研究始终是代数学的发展动力。新的代数结构既产生于代数学自身的研究，也产生于其他数学分支和物理的研究。现在代数学中最有活力的发展方向是那些与其他数学分支和物理有密切联系的方向，李理论和表示论在其列。

代数几何的基本研究对象是多项式方程组的零点集，称为代数簇。虽然说代数几何的历史可以追溯到古希腊时期的圆锥曲线研究，也可以认为笛卡尔（Déscartes）的解析几何是代数几何的先声，但代数几何真正形成和发展还是最近一百多年的事情。先从一维的代数簇即代数曲线开始，然后是二维的代数簇即代数曲面。特别重要的是黎曼–洛赫（Riemann–Roch）定理。对它的推广产生了 K 理论。K 理论已成为代数、数论、几何、拓扑等分支的重要工具。

20 世纪 40—50 年代韦伊和查里斯基（Zarisky）用新的语言严格表述了代数几何的基础。对有限域上的代数簇，韦伊 1949 年提出了一个猜想，其中一部分可以看作黎曼猜想在有限域上的形式，对以后代数几何的发展影响巨大，包括塞尔（Serre）和格罗登迪克（Grothendieck）在代数几何上的工作。20 世纪 50—60 年代格罗登迪克用概型的语言改写了代数几何，在此基础上极大地发展了这一学科，包括为证明韦伊猜想而建立的一进制上同调理论。他于 1966 年获菲尔兹奖。他的思想和工作对代数几何与数学的发展产生了深远的影响。1974 年格罗登迪克的学生德林（Deligne）用一进制上同调证明了韦伊猜想中的黎曼假设部分并主要因此于 1978 年获菲尔兹奖。

代数几何自身的问题是推动代数几何发展的最主要的动力。代数几何的中心问题是对代数簇分类。但这个问题太大太难，现阶段很难完全解决。一维的情形是代数曲线，其分类相对容易，在 19 世纪就知道光滑的射影曲线可以用他们的亏格来分类。在 1885—1935

年，代数几何史上著名的意大利学派对二维的情形研究了分类。意大利学派的特点是几何直观思想丰富深刻，后期的工作缺少严格性。小平邦彦和沙法列维奇（Shafarevich）及其学生在 20 世纪 60 年代重新整理了代数曲面的分类。小平在代数几何和复流形上的工作十分有影响，早在 1954 年，他就获得菲尔兹奖，沙法列维奇在代数数论和代数几何上都作出重要的贡献，著名的沙法列维奇猜想，至今未解决。曼福德（Mumford）和庞比利（Bombieri）在 20 世纪 60—70 年代把意大利学派对曲面的分类工作做到了特征 p 域上。曼福德在代数几何方面的贡献是多方面的，构造了给定亏格的曲线的模空间、几何不变量的研究等，因为这些贡献，他于 1974 年获菲尔兹奖。庞比利则因其在解析数论、代数几何和分析数学上的杰出工作于 1974 年获菲尔兹奖。三维情形的分类直到 20 世纪 80 年代才由日本数学家森重文完成，他因此于 1990 年获菲尔兹奖。

如何把这些分类的工作推广到高维的情形是非常活跃的研究方向。对代数曲线、代数曲面和三维代数簇做更精细的分类也是人们感兴趣的课题，这就到了模空间的研究范围。除了代数曲线，代数曲面的模空间，或更广泛地，代数簇的模空间，人们还对代数簇上的向量丛的模空间十分感兴趣，这也是代数几何现在的一个主流方向。代数曲线的模空间与量子场论的联系是过去一些年非常活跃的研究方向。在对两个假设的量子场论作比较时，威滕（Witten）对代数曲线的模空间提出一个猜想，后被孔策维奇（Kontsevich）证明。同样基于量子场论的考虑，威滕认为存在一些可通过某些积分计算的纽结和三维流形不变量，此事后被孔策维奇所证实。这些工作影响很大，是孔策维奇获得 1998 年菲尔兹奖的部分主要工作。

数学物理给代数几何带来很多的新思想和新问题。代数簇的奇点非常有意思，常常蕴含了丰富的信息，与其他的分支有出人意料的联系，如孤立奇点与单李代数的联系，舒伯特（Schubert）簇的奇点和李代数的表示的联系就是一些例子。如果一个代数簇有奇点，那么很多对研究无奇点的代数簇有效的工具就失效了。一个特别重要的问题是奇点解消。1964 年广中平祐对复代数簇找到一个办法解消奇点，为此他于 1970 年获得菲尔兹奖。对特征 p 代数闭域上代数簇的奇点解消现在是人们很关注的问题。

同调群和上同调是代数几何中的重要研究工具。构造满足需要性质的（上）同调群也是代数几何重要的研究课题。同调群中有一些特别的元素对研究认识空间的几何结构非常重要。对光滑的复代数簇的德·拉姆（De Rham）上同调，其中一些元素称为霍奇（Hodge）类。代数几何中一个未解决的主要问题是霍奇猜想，它断言霍奇类都是一些代数圈类的有理线性组合，这也是克雷（Clay）数学研究所的“千禧年问题”之一。

代数叠是近年来十分活跃的研究课题。代数几何因自身的活力及与其他数学分支和物理的深刻联系，现正处于强劲发展的时期，从每年产生的论文数量也可以看出这一点。

逻辑的运用在古文明就有，但数理逻辑的形成却只有一百多年的历史。数理逻辑关注的问题是数学的形式逻辑方面的问题，如形式系统的表现能力，形式证明系统的演绎能力等，这些与数学基础密不可分，也与理论计算机科学密切相关。数理逻辑的发展一方面依靠自身的问题，另一方面也离不开数学其他分支的发展，理论计算机科学也推动数理逻辑的发展。皮亚诺（Peano）的算术理论和希尔伯特（Hilbert）的几何基础理论都对数理逻辑发展有很大的作用。数理逻辑在其他数学分支有很多精彩的应用，如詹姆斯·埃克斯（James Ax）用数理逻辑中的模型论首先证明如果有限维复线性空间自身的一个多项式映射是单射，那必是满射，又如卢索夫斯基（Hrushovski）用模型论证明了函数域上的莫代尔－朗格（Mordell–Lang）猜想，有很大影响。P 和 NP 问题是数理逻辑专家特别感兴趣的问题，这也是一个"千禧年问题"。

2.2 几何与拓扑

几何与拓扑起始于人类对刻画物体形状及其变化特征的需求。这里的几何与拓扑在较广的意义下主要指微分几何、拓扑学以及辛几何与数学物理。

在过去的百余年中，微分几何得到了巨大的发展，成为数学研究中的核心分支。从二维曲面上的高斯－伯奈特（Gauss–Bonnet）公式，发展到今天人们对曲率与流形拓扑之间关系的广泛理解，以及指标理论作为数学的一个新分支的建立；从二维曲面分类发展到对四维流形拓扑的深刻理解，以及三维庞加莱（Poincare）猜想和几何化猜想的解决；从黎曼面的一致化定理发展到亚玛比（Yamabe）问题和凯勒－爱因斯坦（Kaehler–Einstein）度量的研究。现代微分几何的主要特点是与其他数学分支，如拓扑学和微分方程的交叉融合，最具代表性的成果就是三维庞加莱猜想的解决，这一著名的拓扑学问题，最终是用微分几何、微分方程方法解决的。现代微分几何的研究主要侧重微分几何、流形拓扑、微分方程的联系、四维流形的微分结构、复几何、指标理论以及子流形几何。

霍奇猜想是克雷数学研究所选出的七个"千禧年问题"当中的一个。它是复代数几何中最重要的问题。霍奇猜想断言一个代数流形的有理数域上（p，p）型上同调类空间是个解析簇环。更具体地，复流形上有理系数的（p，p）形式表示的上同调类称为霍奇类。霍奇猜想是光滑复代数流形的霍奇类，可用它的不可约代数子簇的以有理数为系数的形式线性组合来表示。有一些事实支持霍奇猜想，列夫谢茨（Lefschetz）定理表明霍奇猜想对余维为 1 的情形是对的。这样当流形的复维数不超过 3 时，霍奇猜想是对的。1991 年由卡塔尼（Cattani）、德林与开普兰（Kaplan）得到的关于 Hodge loci 的代数性结果是支持霍奇猜想的最强有力的证据。研究霍奇猜想的一种途径是利用几何测度论。我们也可通过杨－米尔斯（Yang–Mills）方程的自对偶解来研究霍奇猜想。特别在复四维情形，如果我们对自对偶解的空间有足够的了解，我们就可以解决环面上的霍奇猜想，这已包括德林几十年前提出的一个问题。

Yang–Mills 理论在微分几何的研究中有重要应用。对于全纯向量丛，唐纳森（Donaldson）－乌伦贝克（Uhlenbeck）－丘成桐定理建立了厄米特－杨－米尔斯（Hermitian–

Yang-Mills）度量（或联络）的存在性与芒福德（Mumford）意义下全纯结构的稳定性之间等价对应。半稳定结构可以看作稳定结构模空间的边界，研究半稳定结构对全纯向量丛模空间的进一步认识有其重要性。半稳定结构一般来说带有奇异点，研究它们的几何结构是非常有意思的问题。与规范场理论相关的其他一些重大数学问题也有待进一步研究。如作为 Yang-Mills 理论的数学基础，至今为止 Yang-Mills 方程解的存在性问题尚未彻底清楚。Yang-Mills 理论中的“质量间隙”（mass gap）还没有很好的数学解释，这也是克莱（Clay）数学研究所列的七大数学难题之一。这一问题的解决需要在数学特别是几何和偏微分方程（PDE）的研究中引入新的思想。

拓扑学研究空间在连续形变下的不变性质，它的起源之一是庞加莱（Poincare）对于天文学的研究。Poincare 猜想与三维球面同伦等价的三维流形必同胚于三维球面，寻求 Poincare 猜想及广义 Poincare 猜想的证明是 20 世纪拓扑发展的重要轨迹。拓扑学在生物、计算机和物理学中都有着广泛的应用。

60 年来，拓扑学的研究取得了辉煌的成就。20 世纪 50 年代中期，米诺尔（Milnor）证明了七维球面上奇异光滑结构的存在性。几年后，斯梅尔（Smale）应用莫尔斯（Morse）理论和惠特尼（Whitney）技巧证明了高维 Poincare 猜想。三维流形和四维流形具有特殊性，需要更多的研究工具，这使得低维流形的研究成为拓扑学的主要研究对象之一。在 20 世纪 70 年代末，三、四维流形的研究开始了新的篇章。瑟斯顿（Thurston）的几何化猜想具有划时代的意义，这断言三维流形上存在典则的分解，使得每一部分上存在 Thurston 给出的八种几何之一。几何化猜想蕴含了 Poincare 猜想。这在其后的几十年里一直是三维拓扑的中心研究内容。双曲几何在三维流形的研究里已经非常成熟，包括顺驯（Tameness）和结束层压（Ending Lamination）等猜想都得到了证明。在四维流形上，弗里德・曼（Freedman）在拓扑意义上发展了惠特尼技巧，应用卡松柄（Casson handle）证明了四维 Poincare 猜想，并且给出了四维单连通流形的拓扑分类。另外，唐纳森（Donaldson）应用在物理学中取得巨大成功的杨振宁 – 米尔斯理论，用规范场理论研究四维流形，证明了某些四维流形上不存在光滑结构，而有些四维流形上具有不同的光滑结构。格罗莫夫（Gromov）关于辛流形中伪复曲线的研究，威滕关于莫尔斯（Morse）理论的流曲线解释，和在此基础上哈格德 – 弗洛尔（Heegaard-Floer）定义的 Floer 同调理论，不仅证明了动力系统里著名的阿诺尔（Arnold）猜想，也为数学物理特别是镜面对称提供了丰富的思想。赛贝尔格 – 威滕（Seiberg-Witten）理论的提出，促进了规范场理论在数学中的进一步发展，也导致了哈格德 – 弗洛尔等 Floer 理论的出现与应用，很多经典拓扑问题得到解决，如温斯坦（Weinstein）猜想和性质 P 猜想，等等。

辛几何不变量是区别空间辛结构的最重要的性质。虽然辛几何很早就被应用于哈密尔顿动力学的研究中，对辛几何不变量的研究却起步较晚。其中原因之一是辛几何没有局部不变量。这一点和黎曼几何有很大不同。黎曼几何中各种曲率都是局部不变量。而辛几何中的不变量只能依赖于空间的整体性质。这也决定了辛几何不变量的研究具有很大的难度。20 世纪 90 年代格罗莫夫 – 威滕（Gromov–Witten）不变量的引进是这一问题的重大突破。Gromov–Witten 不变量是受 Gromov 在辛几何中伪全纯曲线的工作和 Witten 在弦理论中拓扑 sigma 模型的工作的启发而产生的。这些不变量的严格数学定义依赖于田刚、阮勇斌以及李骏等人的奠基性工作。孔策维奇（Kontsevich）和马宁（Manin）对 Gromov–Witten 不变量进行了公理化研究。Gromov–Witten 不变量理论是几何与物理交叉学科中的一个非常重要的领域。这一理论和数学与物理中的许多领域都有深刻的联系并且有非常重要的应用。在辛几何中它们被用来区分流形上不同辛结构和研究辛变换群。零亏格的 Gromov–Witten 不变量定义了辛流形上的量子上同调，后者与哈密顿·弗洛尔（Hamiltonian Floer）同调理论紧密相关。在代数几何中，Gromov–Witten 不变量被用来计算代数流形上的全纯曲线的个数，并通过镜像对称原理与 Hodge 结构的形变相关联。Gromov–Witten 不变量的普适方程反映了代数几何中稳定曲线模空间（Deligne–Mumford 空间）的拓扑结构。对于某些特殊辛流形，低维拓扑与规范场论中的 Seiberg–Witten 不变量和唐纳森 – 托马斯（Donaldson–Thomas）不变量等都和 Gromov–Witten 不变量等价。Gromov–Witten 不变量的生成函数和可积系统中的 tau– 函数具有很多类似的性质，如维拉宿（Virasoro）约束等。在弦论中，Gromov–Witten 不变量对应于拓扑西格玛（sigma）模型的关联函数，并给出了镜像对称中的 A– 模型。

超弦理论中真空态的几何空间是卡拉比 – 丘（Calabi–Yau）流形。镜像对称现象预测 Calabi–Yau 流形上的非线性 Sigma 模型中的 A– 模型与镜像流形上的 B– 模型有某种等价关系。其中的 A– 模型与 Calabi–Yau 流形的辛结构有关，而 B– 模型与复结构的形变有关。一般情形下 A– 模型不变量的计算要比 B– 模型不变量的计算复杂很多。镜像对称一旦建立，将提供 A– 模型不变量的非常有效的算法。镜像对称中有许多著名数学问题需要解决。对这些问题的研究将是今后一些年中数学物理领域中的热点之一。在闭弦理论中，非线性 Sigma 模型的 A– 模型是 Gromov–Witten 不变量，而相对应的 B– 模型则比较复杂。亏格为零的 B– 模型对应于 Hodge 结构的形变，BCOV（Bershadsky–Cecotti–Ooguri–Vafa）不变量的工作把复三维 Calabi–Yau 流形上亏格为一的 B– 模型对应于 Ray–Singer analytic torsion。相应的亏格为零和一的镜像对称也已经建立。近期提出了 Calabi–Yau 流形上高亏格 B– 模型的一种模式。但是相应的亏格大于一的镜像对称还没有建立。

与镜像对称密切相关的问题是 Calabi–Yau 流形上 Gromov–Witten 不变量的计算问题。对 Calabi–Yau 超曲面来说，亏格为零和一的 Gromov–Witten 不变量的计算已经基本上解决了。局部化技巧在这里起到非常重要的作用。物理学家通过研究全纯反常方程对一些高亏格不变量进行了计算。这些计算数学上并不严格。目前对于紧致 Calabi–Yau 流形上亏格大于一的 Gromov–Witten 不变量的计算还没有数学上行之有效的算法。与此问题相关的一个猜想是“Landau–Ginzburg/Calabi–Yau（LG/CY）correspondence”，它把 Calabi–Yau

超曲面上的 Gromov–Witten 理论等价于一类量子奇点理论。量子奇点理论的数学基础最近由范辉军、贾维斯（Jarvis）、阮勇斌等人建立。亏格大于零的 LG/CY correspondence 猜想目前还没有建立。如果能够建立，它将为计算 Calabi–Yau 超曲面上的高亏格 Gromov–Witten 不变量提供新的方法。

Gromov–Witten 不变量理论中另外一个非常重要的问题是维拉宿（Virasoro）猜想。这个猜想是连接 Gromov–Witten 不变量理论和可积系统的一个桥梁，也是计算 Gromov–Witten 不变量的一个重要工具。Virasoro 猜想是江口敏雄、堀清则、熊邦海（音译，Tosio Eguchi、Kyonori Hori、Bong Ho Xiong）提出的。代数几何学家 S. 卡茨（S. Katz）对它作了一些修正。这个猜想说代数流形上的 Gromov–Witten 不变量的生成函数满足一个无穷序列的偏微分方程组。这些偏微分方程的算子满足 Virasoro 代数标准生成元素的括号积关系。当流形是一个点的时候这个猜想等价于 Witten 的一个著名猜想并且由 Kontsevich 证明。它是 Kontsevich 费尔兹奖的重要工作之一。安德烈·奥昆科夫（Andrei Okounkov）、拉维·潘达里潘德（Ravi Pandharipande）证明了代数曲线上的 Virasoro 猜想。所有紧致辛流形上的零亏格的 Virosoro 猜想由刘小博和田刚证明。高亏格的 Virasoro 猜想，特别是量子上同调非半单的情形，还远远没有解决。

闭弦理论需要研究不带边界的伪全纯曲线。而相应的开弦理论则需要研究带边界的伪全纯曲线。Kontsevich 的同调镜像对称猜测是开弦理论中的一个重要问题。这个理论中的 A- 模型是 Calabi–Yau 流形上 Lagrangian 子流形构成的 A 无穷代数的导出范畴，称为深谷（Fukaya）范畴。而镜像流形上的 B- 模型则是凝聚层的导出范畴。Kontsevich 的同调镜像对称猜测认为这两种模型应该是等价的。最近 Calabi–Yau 超曲面上的同调镜像对称猜测被 Sheridan 证明。一般 Calabi–Yau 流形上的同调镜像对称猜测还没有解决。

拉格朗日（Lagrangian）Floer 同调理论是 Fukaya 范畴的基础。它建立在对带边界的伪全纯曲线模空间的研究之上。Fukaya–Oh–Ohta–Ono（FOOO）等人对这个理论的建立和研究做了大量的工作。在环簇上，FOOO 理论与量子上同调有着密切的关系。这可以理解为环簇上零亏格的开弦理论和闭弦理论的一种对偶关系。目前 Lagrangian Floer 同调理论还基本上是零亏格的理论，高亏格的理论还没有建立。高亏格 Langrangian Floer 同调理论及其与 Gromov–Witten 不变量的关系（开弦理论和闭弦理论的对偶）也是非常重要的研究课题。

镜像对称中的一个基本问题是如何构造 Calabi–Yau 流形的镜像流形。其中一种构造是由安德鲁·斯特罗明格（Adrew Strominger）、丘成桐（Shing–Tung Yau）、埃里克·扎斯泽（Eric Zaslow）提出了 Strominger–Yau–Zaslow（SYZ）猜想给出的。这个猜想的一个粗略说法是镜像对称的两个 Calabi–Yau 流形都具有以特殊拉格朗日环面为纤维的纤维化结构，并且这两个流形的纤维互为对偶（T- 对偶）。Calabi–Yau 流形的上述纤维化结构通常是有奇异纤维的，而且流形在奇异纤维附近的结构比较复杂。这些纤维化结构的底空间应该具有奇异仿射流形结构。特殊拉格朗日子流形的定义依赖于 Calabi-Yau 流形的黎曼度量。对这些子流形的研究涉及非常复杂的 PDE 问题。目前对 SYZ 猜想的研究大多忽略度量，而仅研究拓扑方面的问题。受 SYZ 猜想的启发，格罗斯 - 西伯特（Gross-Siebert）最近提出了他们构造镜像 Calabi-Yau 流形对的计划。该计划的核心是由仿射流形加上一些组合信息来构造退化 Calabi-Yau 流形族。这一计划已经在国际上引起了广泛的关注。

以上是辛几何与数学物理领域中公认的一些具有重要意义的问题。每个问题的解决都会在国际上产生重大的影响，促进本领域甚至其他相关领域的极大发展。国际上有很多数学家在研究这些问题。预计今后几年会在其中几个问题上取得重大突破。

2.3　分析学

分析学的诞生与人类利用事物的局部结构研究其整体结构的需求紧密相关。主要的标志是牛顿因理解行星的运动而发明的微积分。在相当广泛的意义下这里所谓的分析学主要指复分析与多复变函数、泛函分析、调和分析、动力系统、偏微分方程以及概率论与随机分析。

复分析是基础数学的一个重要研究分支，主要研究复平面中的区域和黎曼（Riemann）曲面以及其上的函数和映射的性质。复分析研究自柯西（Cauchy）开始，在 19 世纪以来得到了巨大的发展，成为近代最活跃的数学研究分支之一。许多现代数学的基本理论和概念都可以在复分析中找到它的源头。当前复分析同其他方向领域的交叉和渗透达到了前所未有的广度与深度，在数学的其他分支、物理等其他学科，乃至工程中都成为重要方法和工具并有广泛的应用。复动力系统是当前国际上十分活跃的研究方向之一。米诺尔（Milnor，费尔兹奖得主），沙利文（Sullivan），瑟斯顿（Thurston，费尔兹奖得主）等引进了拓扑和几何的方法，芒德布罗（Mandelbrot）引进了计算机技术等极大地推进了复动力系统的发展。里斯（Rees），麦克马伦（McMullen），柳比奇（Lyubich），肉仓（音译，Shishikura），范・施特赖因（van Strein），斯迈利（Smillie），约科（Yoccoz），叶廖缅科（Eremenko），邦克（Bonk）等数学家先后在最近四届国际数学家大会上就这一研究方向作“一小时”或“45 分钟”报告，特别是 Yoccoz 和 McMullen 分别在 1994 年和 1998 年获得了费尔兹奖。复动力系统与许多其他分支学科如分析、几何拓扑、克莱因（Klein）群理论、拟共形映射和泰希缪勒（Teichmüller）空间理论、值分布论、实动力系统、低维流形、遍历论及分形和计算机技术有着密切的联系，在计算复杂性，图像与信号处理以及生态学等领域起着十分重要的作用。如著名的描述生物种群繁衍规律的模型在复动力系统中得到了深入的研究并获得了丰富的结果。综上所述，复动力系统具有重要的科学意义和广阔的应用前景。近年来，复分析由于三个重大突破引起国际学术界极大的兴趣：Sullivan，McMullen，Lyubich 等关于费根鲍姆（Feigenbaum）普适常数的研究；劳勒（Lawler），施拉姆（Schramm），维尔纳（Werner）等关于 Stochastic-Loewner-evolution（SLE）的创立和发展（基于这方面的工作，Werner 于 2006 年获得了费尔兹奖）；斯米尔诺夫（Smirnov）关于渗流共形不变性的进展（基于这方面的工作 Smirnov 于 2010 年获得了费尔兹奖）。这些成果都是复分析、动力系统、随机过程、统计物理、共形场论等不同领域相互交叉作用，解决重大问题的成功例子。这些发展使得复分析同几个不同的领域紧密联系起来，形成了新的前沿交叉研究领域和方向。在 2014 年国家数学家大会上又有两位有关复分析与动力系统的数学家米尔扎哈尼（Mirzakhani）由于在黎曼面及其模空间的几何和动力系统方面的工作和阿维拉（Avila）由于在动力系统方面的工作而获得费尔兹奖。

复动力系统是当前复分析领域中最活跃的研究方向之一。经过 30 多年的发展，出现了很多突破性的进展。自 20 世纪 80 年代以来，在许多著名数学家的推动下，复动力系统得到了很多突破性的进展，形成了新的研究高潮。复动力系统与许多数学研究分支有非常密切的联系。其基本工具包括现代复分析的各个方面，其中重要的有拟共形映射、Teichmuller 空间理论、Klein 群理论、双曲几何、值分布理论等。另外，计算机科学也被广泛应用到复动力系统的研究中。复动力系统主要关注下述问题的研究：线性化问题；非一致双曲动力系统；多项式动力系统与有理函数动力系统；双曲猜想，双曲猜想是复动力系统的中心猜想；双曲分支的边界的性质（与双曲猜想密切相关）；整函数和亚纯函数动力系统。p-adic 动力系统和 Berkovich 空间上的动力系统是复动力系统与数论交叉的一个新方向，目前在国际上广受关注。单复变复动力系统与算术动力系统，多复变动力系统联系日益紧密，用复动力系统的观点去研究代数曲线和模空间的算术性质日渐成为备受关注的研究领域。主要研究内容包括：有理映射模空间和椭圆曲线的算术性质，模空间的分岔电流（bifurcation current）理论；算术分布（arithmetic equidistribution）理论。重整化变换的复动力系统具有明确的统计物理意义，寻找相关的重整化变换族，需要进一步研究该族有理函数动力系统的不稳定集（相变点集）的拓扑和几何性质等重要问题。 最后，对高维复动力系统的研究处于有待深入的阶段。

多复变函数是现代数学一个重要的分支，主要研究多个复变量的全纯函数的性质和结构。多复变函数源自单复变函数，其研究广泛地使用着微分几何、代数几何、李群、李代数、拓扑和微分方程等其他近代数学学科中的概念和方法。近年以来，多复变函数的研究和微分几何、代数几何、代数数论、模空间理论以及近代数学物理等联系日益密切，不断地开辟、更新和拓展新的研究内容和领域。

泛函分析的诞生和发展，一方面源于数学内部矛盾解决的需求，另一方面，很大程度上受到来自数学、物理和工程领域中实际问题的驱动。泛函分析是 20 世纪 30 年代以来形成的一个数学分支，隶属于分析学。 主要研究无限维空间（具有各种拓扑）的结构以及作用在它们之上的算子；另外，也研究空间的各种子集的解析结构、代数结构、几何结构和拓扑结构。泛函分析是一门综合性很高的数学分支，它的诞生和发展受到数学的抽象化、公理化以及量子物理的推动。由于它的高度抽象化，其概念和方法广泛地渗透和应用到数学的各个分支以及自然科学和技术科学领域。特别是近年来，研究一些数学对象的非交换、非线性的本质特征的需求使得泛函分析在代数、几何、拓扑、分析和数学物理等学科中有着广泛和深入的交叉和联系。

调和分析是现代核心数学的一个重要组成部分，国际数学家联盟前主席 L. 卡尔森（L. Carleson）教授（1992 年沃尔夫奖和 2006 年阿贝尔奖得主）曾指出："调和分析在数学中的地位相当于原子理论在物理学中的地位。"调和分析的起源可追溯到 19 世纪初著名数学家 J. 傅里叶（J. Fourier）关于波动方程与热传导方程的求解，通过 Fourier 展开，人们可以分析和研究函数的整体性质、求解微分方程等，并把 Fourier 分析理论与工具广泛应用于其他学科。20 世纪 50 年代初，A. P. 卡尔德龙（A. P. Calderón，1989 年沃尔夫奖得主、1991 年美国国家科学奖章获得者）和 A. 齐格蒙德（A. Zygmund，美国著名数学家和数学教育家、1986 年美国国家科学奖章获得者）创立了奇异积分算子理论，它标志着现代调和分析的诞生。半个多世纪以来，调和分析理论取得的许多重大进展使其在数学的众多领域中产生了深刻的影响。正因如此，在调和分析研究领域中聚集了一大批著名数学家从事调和分析及相关领域的研究工作。其中包括 L. 赫尔曼德（L. Hörmander，1962 年费尔兹奖和 1988 年沃尔夫奖得主）、L. Carleson（1992 年沃尔夫奖和 2006 年阿贝尔奖得主）、E. M. 斯坦（E. M. Stein，1999 年沃尔夫奖得主）、C. 费里曼（C. Fefferman，1978 年费尔兹奖得主）、J. 布尔甘（J. Bourgain，1994 年费尔兹奖得主）、陶哲轩（T. Tao，2006 年费尔兹奖得主）以及一批国际数学家大会上作"一小时"报告或"45 分钟"报告的著名数学家。他们的杰出贡献又极大地推动了现代调和分析的发展，并使得调和分析的思想、方法和技巧在偏微分方程、位势理论、复分析、几何分析、非线性分析、表示论、解析数论、小波分析等众多数学领域中得到广泛的应用。

动力系统理论主要研究系统演化的数学规律，理解各种运动形式。其研究对象主要是归结为由微分方程、映射等给出的数学模型。这些模型大部分描述的是各种客观自然规律，动力系统理论因而与物理、力学、天文等学科密切相关，近年来也被大量应用到电子信息、化学、生命、经济和许多社会科学领域中。动力系统的研究可追溯到牛顿时代。微积分理论建立后，一些自然演化定律可以用微分方程表示。通过研究这些方程解的性质，人们就可以知道相应的演化规律。如牛顿通过这一途径成功解决了天体力学的"二体问题"，证明了开普勒定律。然而，在"三体问题"的研究中牛顿遇到极大的困难，以至于认为上帝控制着运动复杂性。

现代动力系统理论奠基于 19 世纪后期。庞加莱（Poincare）在"三体问题"的研究中发现横截同宿现象，揭示了非线性系统可能具有极其复杂的动力学行为，使得人们认识到不可能求得大多数方程的显式解。Poincare 开创了微分方程的定性理论，运用拓扑、几何、分析手段，在不试图求得解的表达式的情况下研究各种运动轨道的基本性质与特征，进而刻画系统运动的全局结构和性质。与此同时，李雅普诺夫（Lyapunov）也建立了微分方程解的运动稳定性理论。这些工作将人们的目光从专注于寻找一个个具体的解提高到从全局的角度审视整体的动力学行为。在研究以微观形式表现的复杂动力学行为的同时，同时代的玻尔兹曼（Boltzman）、埃伦菲斯特（Ehrenfest）等物理学家的先驱性工作也使人们开始从宏观角度来研究动力学统计规律。源于 Boltzman 的遍历性假设直接刺激了遍历理论的发展。

偏微分方程是基础数学研究的一个重要领域，它起源于对一些物理学模型的精确描述。随着数学本身的发展，其他领域提出一些新的偏微分方程模型，现已成为联系数学相关领域及诸多应用学科之间最重要的桥梁。物体的运动与演化通常遵从物理学的基本定律，而这些基本定律的局部形式就是通过偏微分方程来描述的。偏微分方程在数学与物理等对许多研究领域起着重要的作用。许多基本方程的研究已成为数学及物理学的一些领域的核心问题，同时也推动了相关领域的发展。与其相关的领域包括实分析、复分析、随机分析、微分几何、拓扑学、流体动力学、广义相对论、电动力学、量子力学等。特别的，流形上的几何流、杨 - 米尔斯（Yang-Mills）方程和赛贝尔格 - 威滕（Seiberg-Witten）方程等在拓扑和辛几何中起着重要的作用；调和分析、概率论、堆垒数论等也与椭圆、抛物、双曲或薛定谔型方程有着紧密的联系；可积系统理论在代数几何中有着深刻的应用；拉普拉斯 - 贝尔特拉米（Laplace-Beltrami）算子以及波动方程的散射理论与数论中自守形式的研究有着密切的关系。同时偏微分方程也逐步渗透到工程、生物学、化学、经济与金融等学科，借助于现代化的计算与数值模拟技术，它的研究对于自然科学、工程技术和社会科学的诸多学科的发展起着重要的作用。

自 20 世纪后期，非线性偏微分方程取得了巨大的进展。国际上许多著名数学家包括多位菲尔兹与沃尔夫奖得主在该领域作出了重要贡献。国内许多数学家也为偏微分方程的引入与发展起了重要推动作用，某些具有重要物理意义的偏微分方程的研究甚至是国际上率先开展的。随着国民经济的飞速发展与学术交流的广泛开展，国内逐步成长一批中青年数学家从事偏微分方程及相关领域的研究，在国际一流的学术刊物上发表了一系列高水平的文章，得到了国际同行的高度评价，逐步进入主流研究领域，缩小了与国际水平的差距。然而，在偏微分方程的许多方向上，研究内容的创新性与研究水平仍落后于数学发达国家。

概率论主要研究和发展关于随机现象的数学理论，其主要目的是揭示蕴藏在随机现象中的结构和规律，同时也为统计理论与方法提供了理论基础。概率论的创始人分别是 16 世纪末的意大利数学家 G. 卡丹诺（G. Cardano）和 17 世纪的法国数学家 B. 帕斯卡（B. Pascal）、P. 费马（P. Fermat）以及瑞士数学家 J. 伯努利（J. Bernoulli）。但是人们逐渐发现，许多领域都存在与赌博中出现的输赢现象相似的重要随机现象，概率论也就被应用到这些领域中去，这极大扩展了概率论的应用范围。19 世纪后期，L. 玻尔兹曼（L. Boltzmann）和 J. W. 吉布斯（J. W. Gibbs）建立的统计力学，运用大量随机运动的粒子解释了气体的性质，成为用概率论解释自然现象的一个巨大成功。20 世纪初，受统计力学研究的刺激，人们开始研究随时间变化的随机现象，形成了广泛应用的随机过程理论。1900 年，庞加莱的学生 L. 巴夏里埃（L. Bachelier）首先研究了“投机理论”，实际上他建立了布朗运动的模型，其后爱因斯坦以及控制论创始人 N. 维纳（N. Wiener）分别建立了布朗运动的物理模型与数学模型。1906 年俄罗斯数学家 A. 马尔可夫（A. Markov）提出了马尔可夫链的概念。1933 年苏联数学家柯尔莫哥洛夫为概率论奠定了严密的数学基础，给出了概率空间的公理化定义。这是概率论发展史上的一个重要里程碑，为概率论的迅速发展铺平了道路。柯尔莫格罗夫也因为包括这一工作在内的一系列杰出贡献于 1980 年获得沃尔夫数学奖。1939 年，法国数学家 J. 温勒（J. Ville）提出了鞅的概念。1942 年，日本数学家伊藤清开创了随机分析。

概率论与随机分析不仅在后来的发展中越发显示出它在众多领域的应用性和实用性，而且对很多基本应用问题的研究也推动了概率论的迅速发展，形成了概率论与这些领域的相互促进与发展。概率论和数学其他分支以及自然科学领域相互促进与发展。如 2006 年菲尔兹奖得主 A. 奥克恩科夫（A. Okounkov）的获奖工作解决了与弦物理学有关的一个重要数学问题。在此过程中，他建立了概率论、表示论和代数几何之间的桥梁。他的这项工作不仅揭示了概率论与数学中多个表面上不相关分支之间的深刻联系，而且也为弦物理学中一些重要问题的解决提供了新的思想。这一年的另一个菲尔兹奖得主陶哲轩的获奖工作解决了一个历史上长期悬而未决的著名数论难题。在此过程中，他利用了概率论的思想和动力系统的多重遍历理论。同时，他的这项工作也刺激了概率论学者进一步研究马尔可夫过程的多重遍历理论。利用动力系统理论和偏微分方程理论，C. 维拉尼（C. Villani）解决了流体力学中的朗道阻尼和非平衡统计力学中玻尔兹曼方程的长时间行为这两个困难问题，他因此获得了 2010 年的菲尔兹奖。但他的研究方法，大量借鉴了概率论中泛函不等式和最优输运理论的思想和方法。事实上，他在概率论的上述这两个研究方面也取得了许多研究成果。

3 国内态势与国际合作

3.1 产出规模

2011—2020 年，美国和中国是数学类科研论文的主要产出国家，其中 2011—2018 年，除 2014 年中国发文量超美国外，其他年份美国位列第一，中国紧随其后；从 2019 年开始，中国发文量赶超美国，位居第一，美国次之。2011—2020 年，中美的发文量远超位居第三的法国，2011 年美国、中国发文量分别为法国的 3.00 倍、2.00 倍；2020 年美国发文量仍为法国 3.00 倍，而中国则达到法国发文量的近 4.00 倍。

2011—2020 年，中国在数学类细分领域的发文量虽存在小幅度波动，但整体呈现快速上升趋势。中国从 2011 年的 3 852 篇到 2020 年增至 7 794 篇，相当于 2011 年的 2.02 倍；从 2011 年发文量为美国的 66% 到 2020 年发文量为美国的 1.17 倍；从 2011 年占全球发文的 14.56% 到 2020 年占全球发文的 21.33%。

2011—2020 年，除中国的论文增长率较为突出外（102.34%），印度的论文增长率则高达 206.9%，由 2011 年的 580 篇增至 2020 年的 1 780 篇，增长率排第一位。此外，伊朗、土耳其的增长率也超过 100%。

3.2 学术影响力

在基础数学类细分领域，中国和美国两国的学科规范化的引文影响力持平，影响力值分别为 1.10 和 1.11，高于全球平均水平，说明两国在数学类细分领域的学术影响力基本持平；而美国的相对于全球平均水平的影响力值（1.23）高于中国的影响力值（1.16），说明美国的数学类细分领域在全学科范围内相比中国影响力更大一些。

意大利发文数量排名第六位，但其相对于全球平均水平的影响力指标却位列第一位，说明其数学类细分领域在全学科领域对比中影响力较大。

澳大利亚和瑞士虽然发文数量排在第十八位、第十九位，但其影响力却非常突出，两个指标都高于中国、美国，说明澳大利亚和瑞士在数学类细分领域虽然产出较少，但影响力较大。

3.3 国际合作

中国的国际合作占比在排名前二十名的机构中排在第二十名，国际合作比约为美国的二分之一。虽然中国在 2016—2020 年的国际合作比有所提升，但放在全球视野内，仍然占比较低。排名前二十名的国家中，除中国外，俄罗斯的国际合作占比也较低，分别为 23.34% 和 31.31%，略高于中国。西班牙、以色列、澳大利亚以及荷兰是国际合作比较为突出的国家，其中瑞士和荷兰虽然发文量居末位，但国际合作比却位列前两位。

概率统计研究进展

1 发展规律简述

过去的半个世纪里，概率论在越来越多的新兴领域显示了它广泛的应用性和实用性。2006年国际数学家大会新设了高斯奖，用于奖励研究成果在其他领域有重要应用的数学家。首届获此殊荣的是日本人伊藤清，他在20世纪40年代建立了随机积分和随机微分方程的理论基础，被认为是“现代随机分析之父”，他的这些结果后来在金融领域得到广泛应用。伊藤清被戏称为“华尔街最有名的日本人”。他还获得了1987年的沃尔夫奖。

统计学是研究如何有效地收集、整理和分析数据的科学，其目的在于通过数据对不确定现象的特征和规律进行推断，以便给出正确认识。在当今的自然科学和人文社会科学研究中，人们越来越依赖于观察、试验、调查和记录的手段获取客观数据，并利用数据分析方法发现、探索和掌握自然科学和人文社会科学中的规律，提高更深层次的理解和认知能力，推动各学科领域的发展。统计学作为归纳推理和定量分析的学科，其理论和方法已成为当今自然科学、工程技术和人文科学等领域研究的重要手段和不可替代的工具。

随着数据收集技术手段的进步和信息技术的迅速发展，原始数据的类型和规模发生了极大的变化。这些数据不仅包括传统意义的数字，也包括文本、语音、信号、图像、视频等非结构型数据。不仅如此，大量数据正在普遍产生于多种学科活动，各行各业都充满了数据。这些数据复杂多样，理解这些数据的要求也变得越来越高，常常需要对相关领域的知识的掌握与交流。根据维基百科的解释，数据科学是研究如何从数据中获取知识的科学。数据科学当然看重数据本身，但是更关键的是蕴藏在数据中的知识。作为一门学科来说，并不仅仅要求对于过去已发生的现象进行解释，而在于对于未来将要发生的现象进行可证伪的预测。从数据中学习知识不仅仅是机器学习、数据库的研究，强烈地依赖于问题所相关学科的领域知识。

2 分支概述

概率统计主要包括概率论、统计学、数据科学三大部分。

2.1 概率论

概率论和数学其他分支以及自然科学领域相互促进与发展。如 2006 年菲尔兹奖得主 A. 奥克恩科夫的获奖工作解决了与弦物理学有关的一个重要数学问题。在此过程中，他建立了概率论、表示论和代数几何之间的桥梁。他的这项工作不仅揭示了概率论与数学中多个表面上不相关分支之间的深刻联系，而且也为弦物理学中一些重要问题的解决提供了新的思想。这一年的另一个菲尔兹奖得主陶哲轩的获奖工作解决了一个历史上长期悬而未决的著名数论难题。在此过程中，他利用了概率论的思想和动力系统的多重遍历理论。同时，他的这项工作也刺激了概率论学者进一步研究马尔可夫过程的多重遍历理论。利用动力系统理论和偏微分方程理论，C. 维拉尼解决了流体力学中的朗道阻尼和非平衡统计力学中玻尔兹曼方程的长时间行为这两个困难问题，他因此获得了 2010 年的菲尔兹奖。但他的研究方法，大量借鉴了概率论中泛函不等式和最优输运理论的思想和方法。事实上，他在概率论的上述这两个研究方面也取得了许多研究成果。

2.2 统计学

统计学是一门研究如何有效地收集、整理和分析数据的科学。统计学以数据为对象，研究各种实验和现象中的数量关系，以概率论等为基础，发展了一套系统地处理数据的统计理论和方法。就研究手段而言，统计学与数学的其他分支是有所区别的。统计的本质是依据背景产生的数据，通过对数据的整理分析，提取关于背景的信息，对背景的过去或者未来进行推断。统计学更多的是关注推断方法，以及所得到的结论与实际背景的吻合程度。统计学为各学科领域提供科学的数据分析工具，帮助人们发现和掌握自然科学、工程技术和社会科学中的真理和规律，拓宽科学家的视野，使科学家对科学理论有更深层次的理解和认知能力，推动各个学科领域的发展。

统计学从一开始就是一门由实际问题驱动而发展起来的学科。统计学中许多开创性工作都是从一个非常具体的实际问题的研究开始，由此产生了一种新的统计方法，最终成为统计学发展中的里程碑。统计学也是一门集理论的严谨性和方法的普适性为一体的学科。它以概率论为基础，探究随机现象中所产生的数据的规律，从而可以在理论上严格论证统计方法的有效性。一旦从研究某个具体问题中产生的统计方法的有效性从理论上得到证实以后，往往会发现这个方法具有一定的普适性，可用于更多的问题。

就统计学这个名词的出现而言，最早指的是收集一国的人口和经济数据，用于确定税收等国家政策。尽管现在统计学的含义已经发生了很大的变化，但是国家各种宏观政策的制定仍然需要统计学作为工具。统计学不仅仅是科学研究或者政府决策的工具，也与我们的生活息息相关。统计学应用到检测新药是否对某种疾病有效或者有没有别的毒副作用叫作药物临床试验；应用于工业制造过程中提高产品的质量叫作产品质量控制；而应用于金融保险中的风险计算则叫作精算。统计学服务于各行各业。

2.3 数据科学

随着数据收集技术手段的进步和信息技术的迅速发展，原始数据的类型和规模发生了极大的变化。这些数据复杂多样，理解这些数据的要求也变得越来越高，常常需要对相关领域的知识的掌握与交流。另外一个与传统统计推断不同的特点是逐渐出现了一些新型的计算方法，而这些计算已经不再是统计学家所熟悉的 SAS 或者 R 等软件能够很好地应付得了的。

在今天的大数据时代中，我们所遇到的数据的第一个特点是数据量大。伴随着数据量大的一个附加现象是数据的维数极高，例如基因表达微阵列数据、基因组学中的高通量数据、网络数据、文本数据等，其维数可以轻易达到成千上万，而且维数常常还可能随着数据量的增加而增加。怎样在有限的观测数据下获得稳定的规律便成为一个难题，这个问题也叫作“维数的诅咒”。处理这个问题的常用方法基于真实信号所具有的稀疏性的特征。将一个稀疏的高维原信号投影到低维空间上，使得这个投影包含了重建信号的足够信息，然后再利用这些投影通过解一个优化问题来重构原信号。在这个方面，压缩感知是一个成功的例子。由于一些杰出数学家，如多诺霍、陶哲轩、康代斯等人的工作，压缩感知理论基础得以建立，并迅速成为当前研究热点之一。在压缩感知中，人们采用随机矩阵投影的方法，可用较少的信息对原信号进行恢复。因而压缩感知的应用在大数据处理中扮演重要角色，它已经成为近几年数据科学领域中新兴的热门研究方向，在理论与应用方面均有价值与意义。

3 国内态势与国际合作

3.1 产出规模

从 2011—2020 年总体数据来看，美国是概率统计类细分领域科研论文的首位国家，中国次之，英国、法国、德国分别位居第三、第四、第五。中国虽然位居第二，但发文量与美国差距较大。在其中 2011—2015 年，中国发文不及美国的三分之一，与排名第三的英国差距很小，从 2016 年开始，中国发文量超过美国的三分之一，但直至 2020 年仍不及美国发文量的二分之一。

中国 2011—2020 年在概率统计类细分领域的发文量整体呈现上升趋势。中国从 2011 年的 812 篇到 2020 年增至 2 256 篇，相当于 2011 年的 2.77 倍；从 2011 年发文量为美国的 21.53% 到 2020 年发文量为美国的 46.30%；由 2011—2015 年占全球发文量 9.52% 至 2016—2020 年占全球发文量的 13.38%。

2011—2020 年，除中国的论文增长率较为突出外（177.83%），俄罗斯的论文增长率则高达 229.17%，增长率排名第一。此外，印度、伊朗、土耳其的增长率也超过 100%。

3.2 学术影响力

在概率统计类细分领域，中国的学科规范化的引文影响力和相对于全球平均水平的影响力都低于美国，并且不及全球平均水平，影响力值为 1。相比其发文量位居榜首，美国的学科规范化的引文影响力和相对于全球的平均水平的影响力虽然高于全球平均水平，但并不突出。瑞士的总发文量高位居第十三，但其影响力排名第一，远高于其他国家。印度、日本、韩国、土耳其及波兰的学术影响力都较低。

3.3 国际合作

中国的国际合作占比不足 50%，但国际合作比超过美国，说明中国在概率统计细分领域内国际合作较多。除韩国、加拿大以外排名前二十的国家在后五年的国际合作比都相较前五年有所增长。法国、意大利、印度、伊朗、荷兰的国际合作比较突出，超过产出的 50%。其中伊朗是国际合作比最高的国家。

应用数学研究进展

1 发展规律简述

应用数学研究指的是那些由自然科学、社会科学、工程技术等诸多方面的需求所驱动的数学研究。有别于基础数学，应用数学的发展动力主要来源于数学的外部。应用数学的研究来源于实际问题，并在围绕解决问题的研究中形成新的数学方法与理论，推动数学的进一步发展。就这个意义而言，不少应用数学分支也有悠久的历史。事实上，20世纪之前基础数学和应用数学根本就没有被加以区分。应用数学这个名词的广泛采用应该只有 80 年不到的历史，采用这个名词的目的是给这些数学研究打上一个鲜明的“问题驱动”的标志。进入 20 世纪后，一部分数学向更为抽象的方向发展，同时逐步形成了一些属于应用数学范畴的新学科，于是出现了基础数学与应用数学的分化趋势。此后，外部需求和数学家的好奇心一起成为应用数学的发展动力。社会发展的需求催生了一些新的应用数学问题和学科的产生与发展；反过来，应用数学方法的进步和发展也推动了科学与社会的进步。

2 分支概述

除了针对具体问题的数学研究外，应用数学的研究也丰富了数学本身，它产生了应用分析、应用概率论、运筹学、控制理论、理论计算机科学、组合与图论、计算数学等学科领域。

2.1 应用分析

当年牛顿发明微积分的目的就是理解行星的运动，用微分方程来刻画物体的运动与演化和客观世界的发展，这可以算是应用分析的前驱研究。物理和化学中的许多基本定律就是通过微分方程描述的。在生命科学和经济学中，微分方程也被用来描述复杂系统的行为。对自然界的精确描述往往是通过建立相应的数学模型来实现的，而其中相当多的数学模型被归纳为微分方程，其中偏微分方程成为分析数学与应用科学之间最重要的桥梁。对于这些方程的研究对于自然科学、工程技术和社会科学的发展都起着重要的作用。

最近几十年来，应用偏微分方程的研究主要围绕源自重要实际问题中的数学模型，从数学上严格分析论证应用领域关心的重要问题，通过对模型的分析，发现新性质，加深对模型的理解。对模型进行约化和降维，有益于数值模拟。将物理直觉、经验公式、形式关系等进行严格的数学表示并加以严格论证。

流体力学一直是应用数学的一个重要研究方向。现在我们对湍流的认识还太少，甚至还不知道临界雷诺数的具体数值。应用数学家从纳维 – 斯托克斯（Navier-Stokes）方程出发，运用分析工具，通过非线性分析探索确定临界雷诺数的具体大小，取得了一些成果。当然距离最终解决这个问题还有一段路要走。实际上，与流体相关的还有其他一些失稳的现象，我们对这些失稳现象的理解远远不足，这也是非常具有挑战性的问题。除了流体中出现的多种失稳现象外，流体在运动过程中遇到物理边界时常常发生流场的突变现象，其中一个重要的现象即所谓的边界层的出现。边界层问题在科学和工程技术中具有十分重要的应用。近十多年来，边界层稳定性的数学分析在应用数学界非常活跃，相继获得了一些很有意义的成果。尽管如此，仍有很多本质问题有待探索且非常具有挑战性，普朗特理论的严格数学论证还有很长的路要走，这也是应用领域十分关心的问题。

2.2 应用概率论

概率论最初是因为赌博的研究而创立的。不仅如此，现在许多概率论学家依然希望保持这样的血统，将不少概率论的问题赋予了赌博的解释。尽管概率论有着这样一个不那么光彩的出身，但是却被用来描述自然界中的各种各样的不确定性现象。前面所提到的玻尔兹曼和吉布斯（Gibbs）等人就应用概率论于粒子系统建立了所谓的统计物理学，而波恩（Born）则赋予了量子力学中的波函数一个概率论解释。最近，施拉姆（Schramm）将随机游动引入经典的勒夫纳（Loewner）演化方程，成为一个有力的工具，成功地解决了一系列共形场论的问题。用来对付自然界中的那些层出不穷的不确定性现象，概率论实属一大利器。

概率论模型不但可以很好地解释自然界中随机现象，也可以用于帮助我们理解社会科学中的现象。金融和保险对于经济实体而言就像人体的血液和免疫系统一样，其重要性不言自明。概率论是金融和保险研究中的不可或缺的基础工具。随机分析中的伊藤（Ito）公式就是华尔街的金融分析师必备的工具之一，所以伊藤也被誉为华尔街最有名的日本人。布莱克（Black）和斯科尔斯（Scholes）利用几何布朗运动来描述资产价格的变动，给出了资产定价与风险度量问题的内在形成机制的模型，创造性地建立了资产定价和风险度量理论，极大地促进了现代金融保险业的发展壮大与蓬勃发展。尽管这些基于随机分析的风险理论在金融保险业已经得到普遍的实际应用，但它还不能很好地处理风险概率分布未知情况下的相关问题。特别是，当金融保险市场上的衍生产品不断出现的时候，各种产品之间的相关性变得越来越复杂，同时购买了这些衍生产品的各个金融机构面临的风险之间的相关性也不再可以忽略，这种整个金融系统的风险也越来越受到关注。研究这些问题对于我国的金融保险业的安全有着重大的现实意义。

2.3 运筹学

运筹学是第二次世界大战中发展起来的一门交叉学科，主要研究人类对各种资源的运用及筹划活动，了解其中的基本规律和方法，以期发挥最大效益，达到总体最优的目标。它起源于英国军方的一个叫作“Operational Research”的项目，其目的是提高雷达控制的自控火炮的效率。这个项目大获成功，而项目的名称也成了这个学科的名称。战后，运筹学应用到企业民生、科技工程、经济金融等诸多领域，也获得了成功。特别是由于计算机的问世，运筹学的应用变得越来越广泛。

无论是供应链网络，交通运输还是信息传输网络，网络营销，大规模工业制造流程等问题，都存在一个尽可能地提高效益的问题，换句话说，都是一个优化问题。关于结合这些实际问题的研究对于我们国家正在面临的经济转型有着很重要的意义。在这些问题的研究中，建模和分析是基础工作，多数问题会涉及组合优化、随机优化和网络优化。由于这些问题的复杂性，求解最优解的问题往往有很高的计算复杂性，使得问题变得不可计算。因此，设计高效的近似解求解算法变得十分重要。开展这些问题上的研究是迫切的。

博弈论也算是运筹学的一个分支学科，它主要研究处于冲突或者竞争的双方的行为，这在许多社会科学领域的研究中起着重要作用，成为实证研究的基本方法之一。这个学科的诞生是以冯·诺依曼和摩根斯坦（Morgenstern）的《博弈论与经济行为》作为标志的，现在的微观经济理论中相当多的结果都是以博弈论分析为基础的。在政治学方面，特别是在中国现实情况下，博弈论并没有能够发挥它应有的作用，而现在大家常讲的“上有政策，下有对策”便是针对这种现象的一个最明确的注解。加强这些方面的研究可以帮助我们更好地理解现在出现的社会现象，对于解决我们国家的一些重大民生的问题，创建和谐社会有着极大好处。

2.4 控制理论

工程科学与数学的交叉结合催生了控制论，它是一个研究如何影响动力系统的行为以实现预期目标的理论。虽然控制论的起源于是工程，但是后来的应用范围逐渐扩大，在社会学和金融管理等社会科学领域也都有应用。维纳（Wiener）将控制理论的基础牢固地建立在数学之上。离开了数学，控制科学中的许多概念、规律和结果的准确表述都成问题，严格意义下的研究工作更是寸步难行。控制理论的研究涉及了相当多的应用数学分支，多数情况下控制问题研究并不是现有结果的简单、平凡应用，它们时常会提出了一些新的数学问题，其解决本身具有挑战性，同时需要发展或引入适当的数学工具。从这个意义上讲，控制理论的研究对应用数学发展也有非常重要的意义，它促进或刺激了这些应用数学分支的发展。

2.5 理论计算机科学

现代意义下的信息技术指的是基于数字计算技术和数字通信技术的信息技术，是有关信息的获取、传输、储存、处理、信息应用的技术，它深刻依赖应用数学的理论与方法。

信息处理的一个典型例子是图像的处理，这些数据作为可视媒体的一部分，广泛存在于互联网、卫星遥感、医疗诊断及日常生活的各个方面，对其高效的处理是信息处理的重要任务之一。数学理论与方法为图像处理提供了坚实基础，在雷达成像和医学成像等方面，数学就是一门实实在在的技术。与许多其他信息一样，图像信息也具有稀疏性，运用压缩感知技术可在远低于奈奎斯特（Nyquist）采样率的条件下获取图像信号样本。发展图像的稀疏表示理论及其处理可以高效地处理图像，这是解决复杂图像处理的关键问题。相当广泛的信息技术问题可以依靠稀疏性建模，而基于信息的稀疏性建模的信息技术统称为稀疏信息处理，它们常常表现为某个复杂的约束优化问题。图像信息处理还有一个特点。相当多的情况下，从图像处理中获取的结果依赖人们基于自身视觉的认知，所以发展基于认知模拟的图像处理新技术也是一个挑战。这里需要解决问题是如何对广泛而分散存在的生物视觉实验数据进行正确建模，理解心理学或更一般的认知规律。

计算机的发展，也为实现脑力劳动的机械化创造了条件。借助计算机部分替代脑力劳动能使科研工作者摆脱烦琐的甚至是不可能完成的推导与计算，为科学研究提供了新的工具，出现了自动推理、计算数论、符号分析等一批新的学科分支。吴文俊院士开创的机器证明方法以方程求解的符号计算理论和机器证明为核心，采取将定理证明转为方程求解的思路，取得了巨大成功，在机器人与计算机辅助设计（CAD）等重要领域发挥着作用。

随着三维（3D）扫描仪、深度相机和 3D 打印技术的发明，3D 几何图形处理将成为迅猛发展的数字技术。这种技术将引起个性化制造的蓬勃发展，而这一发展将为我国制造技术的赶超、推动制造业服务化、加快制造业升级带来新机遇，也为 3D 数字几何图形处理及应用研究提出了许多新的挑战问题。

量子信息论是量子力学与信息论相结合而产生的一门新兴学科，是物理、数学、计算机与通信等多学科交叉的前沿领域。量子系统中的信息载体是微观粒子的量子态，它的基本单位也叫量子比特。量子信息论和经典信息论有着很大的区别，这种区别源于量子物理和经典物理服从不同的物理规律。1994 年肖尔（Shor）提出了大数素数分解的量子算法，它表明了一旦量子计算机得以实现，现今广泛使用的路由频谱分配（RSA）密码体制将被破译。尽管现在量子计算机和量子通信都还没有能够进入实用的阶段，围绕它们的理论研究却已经开展起来，是一个值得进行关注的领域。

2.6 组合与图论

组合数学是应用数学中的一个很有特点的分支，主要研究有限或离散结构的存在、计数和优化问题，它具有极其悠久的历史。组合论的最初研究兴趣主要是来自好奇心，大多数的研究与趣味数学游戏联系在一起。至今，组合数学中还有一批历史上遗留下来的著名困难问题，他们仍吸引了不少的兴趣。当然，这些问题之所以被人们感兴趣，并不单纯因为它们的历史悠久，也与近年来组合数学与越来越多的其他数学分支所发生的密切联系有很大关系。即使是组合数学中纯基础的这一部分，也与传统的那种优美大相径庭，完全是以一种现代的方式出现在人们面前。

组合数学的研究对象是离散结构，而计算机科学的核心是使用算法来处理离散数据。近几十年来，随着计算机科学的日益发展，组合数学的重要性也日渐凸显，从而进入了一个迅速发展的黄金时代。近年来出现的所谓 E 级（每秒 1 018 次浮点运算量级）计算，无论是超级计算机硬件设计还是算法设计都给组合数学提出无数新的研究课题，特别重要的问题是怎样使这些设计可以尽量适合于并行、自适应、多物理耦合和多尺度计算的特性。

图是描写相互连接的若干单元的数学表述，它的研究作为离散数学中很特别的一个部分已经成为信息科学与网络技术研究中最有力的工具之一，得到了广泛的应用。特别是近来受到重视的随机图理论，被看作是许多复杂系统的基础之一，这方面的研究发展迅速。应用随机网络的理论，我们可以对社交网络进行建模和分析。它不仅具有重要的理论意义，而且在广告投放等商业应用上也显示出一定效果。

2.7 计算数学

计算数学主要研究各种计算问题的解决方法和相关的数学问题。随着 20 世纪 40 年代电子计算机的问世，利用计算机来有效解决各种计算问题迅速成为计算数学的主要研究内容。此后计算数学得到了蓬勃发展，逐渐成为实现计算机在科学技术领域的应用的纽带和工具，使得计算数学成为一个独立而重要的学科。科学与工程计算的兴起是 20 世纪后期最重要的科技进步之一，由此产生了计算流体力学、计算材料学、计量经济学等新兴交叉学科，使得数学和工程技术在更广阔的范围和更深刻的程度上相互作用，极大地推动了数学和工程技术的进步。因此，计算仿真被公认为实验和理论推理之后科学研究的一个新范式。又如大数据的分析与使用正在成为科学发现的重要手段，也是主要的创新动力之一，被称为继实验、理论与仿真之后的第四个研究范式。数学的发展推动了大数据科学的产生，并成为大数据分析必须依赖的理论基础和方法手段。现今高性能科学计算不仅是体现国家科学技术核心竞争力的重要标志，也是国家科学技术创新发展的关键要素。国家重大战略需求中许多科学问题的解决高度依赖于高性能科学计算中基础算法、可计算建模和数值软件的发展水平。

3 国内态势与国际合作

3.1 产出规模

2011—2020 年，中国、美国是应用数学类细分领域科研论文的主要产出国，中国在该领域位居榜首。由 2011 年为美国的 1.08 倍到 2020 年为美国的 1.65 倍，产出规模优势明显。法国、德国、意大利分别位居第三、第四、第五，每年发文约为美国的三分之一左右。

2011—2020 年，中国在应用数学类细分领域的发文量波动中上升。中国从 2011 年的 5 825 篇到 2020 年 10 175 篇，相当于 2011 年的 1.74 倍；由 2011—2015 年占全球发文量 23.14% 至 2016—2020 年占全球发文量的 25.16%。

2011—2020 年，中国的论文增长率为 74.68%，远超美国（14.71%）；而沙特阿拉伯是排名前二十的国家中增长率最高的国家（198.52%），印度次之（165.34%），而澳大利亚则出现了负增长（–33.40%）。

3.2 学术影响力

在应用数学类细分领域，中国的学科规范化的引文影响力值与美国持平（1.18），高于全球平均水平，而相对于全球平均水平的影响力则低于美国。中国在 2016—2020 年两项指标都相对于前五年有所进步。而美国 2016—2020 年的相对于全球的平均水平的影响力与前五年相比却有所下降。沙特阿拉伯发文量虽然排在第十七位，但其学术影响力在排名前二十的国家中排名第一。

3.3 国际合作

在排名前二十的国家中，中国的国际合作占比最低，约为美国的二分之一，虽然 2016—2020 年中国的国际合作占比相对前五年有所上涨，但相比其他国家仍然处于末位。英国、加拿大、沙特阿拉伯以及澳大利亚是该分领域内国际合作占比较多的国家，特别是澳大利亚，近五年的国际合作占比相较前五年上涨幅度较大。

跨学科应用数学研究进展

1 发展规律简述

数学作为描述科学的语言，与其他科学的发展的联系越来越密切，数学在科学的交叉和解决其他领域的科学问题中应当发挥更大的作用。同时，一些新的科学问题并不是以现有的数学理论与方法就能解决的，在交叉融合中可能创造出新的数学概念、理论与方法，与实际问题紧密结合也为数学自身的发展提供了不竭而巨大的动力。

时至今日，来自生命科学、信息科学、材料科学、生态环境、经济金融等领域的新问题提出了许多新需求，这些需求往往是已有的数学方法不能很好地处理。数学界对于这些问题表现出空前的兴趣，数学突破了原有的思想禁锢向许多学科领域渗透。这种交叉渗透的重要性早已被各学科领域所认同，也受到世界各发达国家政府的高度重视，各种机构都将资助数学与其他学科的结合研究作为一个重要的科技战略来推动。

2 分支概述

数学与其他交叉学科的研究范围很广泛，根据国家重大需求，结合学科主要发展方向，主要论述数学与信息技术交叉、数学与生物医学交叉、数学与经济金融交叉、数学与材料环境交叉方向。

2.1 数学与信息技术交叉

自 20 世纪以来，信息科学和技术对世界的影响非常大，直接关系到世界各国的国民经济（通信交通、电力网络、全球化金融、公共安全等）和国防安全（航空航天、战略武器系统等）。在信息科技的发展过程中，数学是一个重要的和不可取代的工具。实际上，在主要信息学科的建立和发展中，数学起着核心和关键的作用，而一些著名的数学家往往成为相关领域的开创者或奠基人。因此，研究信息技术研究中的关键理论问题，对相应数学方法和关键信息技术的发展具有重大意义。

量子信息与控制是保证未来量子通信和计算机有效实现和广泛应用的必要基础。其中包括量子测量、量子反馈控制和量子软件等核心问题。无论从理论的观点，还是从实验的角度，量子信息中的核心问题都是量子测量问题。而测量问题和控制问题从某种意义上说实际上是同一问题的不同侧面。量子力学中的很多基本理论问题和应用课题本质上都是量子调控和量子测量问题。这些问题的解决可能会从根本上调整人们的科学观念。量子测量问题的内容包括量子系统与经典系统相互作用、微观信息的宏观提取的理论机制、量子耗散和量子退相干、量子探测和调控等。这方面的理论问题和应用都有待于更深入研究，可能需要某种新的思想和方法。

信息安全由于关系到一个国家的政治安全、经济安全、国防安全而受到每个国家的重视。密码作为解决信息安全问题的核心技术手段有了极大的发展，各个国家都非常重视密码学的理论和技术的研究。现代密码学由对称密码学和公钥密码学组成，对称密码包括流密码和分组密码，对称密码由于速度快、安全性高而用来加密海量的信息，而公钥密码用来加密对称密码体制的密钥。所以对称密码和公钥密码在解决信息安全问题时都是非常重要、不可或缺的。这个领域中，数论、代数、代数几何等许多纯数学的数学分支也应用于编码与密码的研究。随着移动互联网络通信的发展，云计算和大数据时代的到来，编码与密码理论又迎来新的挑战和发展机遇。

信息网络技术近年来得到了快速发展。除了进入千家万户的互联网，三网融合、物联网和智能电网等技术已经成为一个国家发展的时代标志，我国在《国家中长期科学和技术发展规划纲要》指出将网络智能信息处理等作为优先研究的主题。而复杂网络通信与控制的理论研究也成为当今热门的“网络科学”的重要基石。它的发展还会对航空航天、公共安全、系统生物学、全球化金融经济等行业有着深远的影响。重要发展方向为针对以物联网为代表的网络优化与控制技术中的关键科学问题，包括网络资源的有效分配、多重约束下的网络调度、网络化系统分布式调控等，提出并发展具有原创性的理论和方法，并给出具有实时性、精确性、智能性和鲁棒性的分布式网络算法。

航空航天系统的导航和控制研究中不得不面对复杂空间环境（包括深空、近空等）和高新性能要求。现代高科技飞行器在高超声速、高机动条件下飞行，对飞行控制提出很高的要求，迫切需要研究飞行稳定性与机动性协调的控制理论和方法，从而适应大范围的飞行环境和更高的机动性。重要发展方向为围绕复杂空间环境下的高性能飞行器研究中导航与控制方面的科学问题，通过多学科交叉研究，增强我国复杂空间环境中飞行器研究的理论创新能力，为我国未来近空间飞行器的发展奠定技术创新的基础，对于实现人与自然和谐发展战略具有重大意义。

2.2 数学与生物医学学科交叉

高速持续发展的生物和医学实验和观测手段（测序技术、芯片技术、质谱技术、核磁共振技术、生物成像技术等）产生了海量的不同类型、不同来源、不同层次的生物学数据，迫切地需要建立新的数学与系统科学的理论与方法来处理和集成这些数据，发现内在模式以及验证生物和医学家提出的关于生命现象的科学假说，为生态与环境领域的生物多样性与生态系统以及人口健康领域的生物和医学创新体系、重大慢性多发疾病防治与健康管理和传染性疾病防治中的一些关键技术提供理论模型与分析方法。

数学理论与方法为图像处理提供了坚实基础，在雷达成像和医学成像等方面，数学就是一门实实在在的技术。与许多其他信息一样，图像信息也具有稀疏性，运用压缩感知技术可在远低于 Nyquist 采样率的条件下获取图像信号样本。发展图像的稀疏表示理论及其处理可以高效地处理图像，这是解决复杂图像处理的关键问题。相当广泛的信息技术问题可以依靠稀疏性建模，而基于信息的稀疏性建模的信息技术统称为稀疏信息处理，它们常常表现为某个复杂的约束优化问题。图像信息处理还有一个特点。相当多的情况下，从图像处理中获取的结果依赖人们基于自身视觉的认知，所以发展基于认知模拟的图像处理新技术也是一个挑战。这里需要解决问题是如何对广泛而分散存在的生物视觉实验数据进行正确建模，理解心理学或更一般的认知规律。

构建群体遗传中新的随机复杂网络模型及其统计推断方法，并应用于同物种内不同亚种生物进化历史的研究；利用随机复杂网络的概率特征，研究不同类型生物基因组和蛋白质组的差异和功能预测；利用随机复杂网络方法研究基因动态调控模型、非编码区的遗传功能及其与编码基因的关系；利用随机复杂网络的形成机制与结构稳定性，构建干细胞等重要生物体的演化模型并研究它们的生物功能特征。此外，生物学中的 DNA 的就是一个碱基对组成的序列，这种序列与生物功能的联系是生物信息学的研究对象，这也是组合数学可以发挥作用的一个重要领域。

计算生物学一个特别值得注意的领域是以研究大脑为目的的计算神经科学。人类的大脑包含了大约一万亿个神经元，并由大约一千万亿个突触连接形成了这些神经元之间的极其复杂的相互联系。计算神经科学的研究目标是通过建立理论计算模型，利用和发展数学分析和数值模拟的手段从而在机制上理解大脑的工作原理，通过定量和系统的研究最终期望能够理解大脑的工作原理，最终希望为医学上治愈和防止大脑神经系统的疾病提供帮助。探索和揭示大脑的奥秘已经成为现代自然科学面临的巨大挑战，计算神经科学也已成为最为活跃的研究领域之一。

2.3 数学与经济金融学科交叉

数学在社会科学的研究中作用也逐渐得到体现。各种现代经济理论都以数学作为基本工具，力图以数学理论来描述宏观经济或微观经济的发展规律。通过构建数学模型，所研究的问题可以被清晰地抽象出来，社会科学家也可以与自然科学家一样，进行“假设驱动”的研究。在实际应用领域中，银行业雇用了大量的金融分析师，他们通过建立数学模型来理解市场的行为，帮助银行盈利和保证银行安全地运行。

概率论是金融和保险研究中的不可或缺的基础工具。随机分析中的伊藤公式就是华尔街的金融分析师必备的工具之一，所以伊藤也被誉为“华尔街最有名的日本人”。布莱克和斯科尔斯利用几何布朗运动来描述资产价格的变动，给出了资产定价与风险度量问题的内在形成机制的模型，创造性地建立了资产定价和风险度量理论，极大地促进了现代金融保险业的发展壮大与蓬勃发展。尽管这些基于随机分析的风险理论在金融保险业已经得到普遍的实际应用，但它还不能很好地处理风险概率分布未知情况下的相关问题。特别是，当金融保险市场上的衍生产品不断出现的时候，各种产品之间的相关性变得越来越复杂，同时购买了这些衍生产品的各个金融机构面临的风险之间的相关性也不再可以忽略，这种整个金融系统的风险也越来越受到关注。研究这些问题对于我国的金融保险业的安全有着重大的现实意义。

2.4 数学与材料环境交叉

环境和材料资源是人类赖以生存的基础，环境治理保护和材料资源开发利用是人类发展持续性的有力保障。材料资源与环境问题往往是复杂系统问题，对其客观规律的深入认识、资源优化配置与有效调控、环境整治与灾害预测，有赖于发展相关的数学与系统科学方法。实践表明，数学与系统科学在材料资源和环境问题的研究中发挥了重要的作用。

随着科技发展的不断深入与工程技术的不断提高，对材料的要求也越来越高。同时材料复杂体系的物理规律和物理性质也越来越复杂，传统的解析推导方法已不敷应用，甚至无能为力。实验手段虽然在可靠性上具有优势，但无论是在时间成本还是经济成本上也都无法满足要求。以各种物理理论为基础，运用高性能科学计算提供的各种工具，诞生了一系列材料物理性质的数值计算方法，也叫作计算材料科学。它已经成为对材料复杂体系的物理规律和物理性质进行研究的重要手段，并迅速得到发展。它为材料的设计、制造、工艺优化和材料功能和性能的合理使用，提供了新的科学依据。

液晶是介于晶体和液体之间的物质相态，外界条件的微小改变，使液晶材料发生相变，从而导致物理和光学性质的改变。这种独特性质使得液晶材料因其能耗低、感应灵敏的显著优势得到广泛应用。独特的物理、化学性能和广阔的应用前景也使得液晶一直是物理学家、化学家和材料学家的研究热点，也为理论研究提供了大量的数学问题。液晶模型可视为多尺度模型，从数学上严格论证不同尺度模型之间的关系对理解现有的液晶模型，建立新的液晶模型具有重要意义。特别是建立和论证液晶微观模型和宏观模型之间的关系，理解它们的共性、区别和联系，有助于厘清各个模型的适用范围、各参数的物理意义。这些数学问题既有明确的物理背景，又有深刻的数学内涵。

当前我国的石油生产量还不能满足国内的需求，每年仍需从国外进口大量石油，因此发展我国的油气生产已经成为我们国家最为迫切的任务之一。近年来，由于油气资源的勘探日益复杂，利用大型的计算机和先进的数学方法处理油气勘探地震资料，已经成为国内外油气勘探的最重要的手段。非常规油气资源勘探在数学上表现为数学物理反问题，依据探测信号（如地震波、电磁波）的回波反演非常规油气藏的地质结构、储集特征、流体性质等，其研究需要多尺度特征与多物理机制间的内在联系。

我国正在进行大规模的基础设施建设及城镇化进程，亟需应对更加严峻的地质灾害和环境污染问题。滑坡、泥石流是经常发生的威胁到人类生命和财产的地质灾害，地下水污染则是影响到人类健康的环境污染问题。开展滑坡、泥石流等地质灾害的预警预测和地下水污染状况的调查评估研究对于实现人与自然和谐发展战略具有重大意义。这里面涉及的数学问题有滑坡碎屑流和泥石流的数值模拟；声波在复杂地质体中传播的高精度计算；地质构型与材料参数反演方法；分数阶微分方程及其在地下水污染中的应用及环境问题中动力学行为分析和混沌时间序列分析等。

2.5 大数据与人工智能中的数学

大数据与人工智能（AI）是国家重大发展战略，是国民经济数字化建设与智能化转型的重要基石。随着各类“大模型的基础算法不再开源”，芯片断供造成的“大算力底座不稳”，应用行业高质量“大数据的稀缺”，被称为人工智能发展的“三驾马车”（大数据、大模型、大算力），似乎每个要素都布满荆棘，面临全面“卡脖子”风险。数学是提升我国大数据与人工智能水平，实现全面自主可控并领跑国际的理论与方法基础。

数据与人工智能相互交融、相互支撑，而它们的共同核心基础是数学。大数据技术聚焦研究支撑大数据存储、计算、共享与隐私安全等各类方法与技术，主流人工智能方法以机器学习（尤其是深度学习）为基础，它们的核心理论与方法涵盖了统计、优化、微分方程、密码等各类数学 / 应用数学方向。大数据与人工智能发展的底层推动力在于面向大数据与智能化需求的应用数学与统计学创新与发展。

目前，以深度学习为代表的人工智能主流技术以对大数据加工处理为基础，它的模型、分析、计算基础植根于统计学。人工智能算法本质上是大数据分析处理算法，依赖于大数据分析与处理技术底层的数学模型、分析原理与计算方法等。以 ChatGPT 为代表的大模型验证了“涌现”智能，显著提升了使用开发 AI 技术的底座，触发 AI 大模型浪潮。然而，大模型的涌现机制和泛化能力的数学解释尚不清晰，大模型使用的上下文学习训练的数学基础尚未建立，大模型针对动态任务的结构微调原理难以刻画，大模型结构的可解释性与应用鲁棒性难以理论保证等。亟需构建大模型可解释与拓展的数学理论，解释 AI 模型的深层次内涵机理，对未来 AI 技术发展形成良态引领成效。现有机器学习方法的应用有效性极大依赖于人工预设的先验假设，由于其人工定制预设特点，难以有效自适应于动态环境与任务。为提高现有人工智能技术的应用水平与性能，就必须突破这些机器学习先验假设，形成能够自动匹配场景、任务的新型机器学习自动化理论与方法框架。以深度学习为代表的人工智能方法主要基于数据驱动的方式学习大模型，并用于解决科学与工程应用问题。另外，传统的科学与工程领域研究以机理研究为主，例如基于力学方程、电磁场方程或第一性原理等。在大数据时代，如何结合领域机理数学模型与人工智能数据驱动模型，研究自然融合机理与数据，构建机理与数据双驱动的建模新原理与新方法，是解决科学与工程问题的前沿研究思路与方向。

3 国内态势与国际合作

3.1 产出规模

2011—2020 年，美国、中国是跨学科应用数学分领域科研论文的主要产出国，位居前两位。中国由 2011 年为美国的 44% 到 2020 年为美国的 1.38 倍，产出规模在 2020 年超过美国。英国、德国和法国分别位居第三、第四、第五，每年发文量约为美国的三分之一左右。

2011—2020 年中国在跨学科应用数学类细分领域的发文量虽存在波动，但整体呈现上升趋势。中国从 2011 年的 3 876 篇到 2020 年 13 123 篇，相当于 2011 年的 3.38 倍；由 2011—2015 年占全球发文量 17.15% 至 2016—2020 年占全球发文量的 22.66%。

2011—2020 年，中国的论文增长率为 238.57%，远超美国（8.23%）；而沙特阿拉伯是排名前二十的国家中增长率最高的国家（373.75%），而日本则出现了小幅度的负增长（-2.68%）。

3.2 学术影响力

在跨学科应用数学细分领域，中国的学科规范化的引文影响力和相对于全球平均水平的影响力都低于美国、英国、德国、法国等多个国家。2016—2020 年中国的两个指标相对于前五年都有所增长，说明中国在该细分领域的学术影响力有所提升。

在排名前二十的国家中，澳大利亚和沙特阿拉伯的学术影响力较为突出，特别是沙特阿拉伯，虽然其产出规模较小，但影响力较高。

3.3 国际合作

在排名前二十的国家中，中国的国际合作占比最低，虽然 2016—2020 年中国的国际合作占比相对前五年有所上涨，但相比其他国家仍然处于末位。美国的国际合作占比在 40% 左右，英国、德国、法国的国际合作占比超过一半。沙特阿拉伯是排名前二十的国家中国际合作占比最高的国家，在 70% 左右。说明沙特阿拉伯在该细分领域的产出绝大部分是与其他国家合作完成的。

参考文献

[1] 国家自然科学基金委员会数学物理科学部. 国家自然科学基金数理科学“十三五”规划战略研究报告[M]. 北京：科学出版社，2017.

[2] 国家自然科学基金委员会，中国科学院. 未来 10 年中国学科发展战略：数学[M]. 北京：科学出版社，2011.

[3] http://www.ncmis.cas.cn/.

ABSTRACTS

Comprehensive Report

In recent years, much important progress has been made in the development and capacity building of mathematics in China, and a multi-level collaborative innovation system of "government-universities-scientific research institutions-societies-journals-awards" has been formed, laying a good foundation for the high-level self-reliance of mathematics in the new era and the new journey. At the same time, the level of mathematics development in our country still has a certain gap compared with the United States, France, Britain, Germany and other mathematical powers, we need to clearly understand, find the gap, and actively seek changes.

This project is mainly based on literature research and expert opinions, combining qualitative and quantitative methods, to make a relatively macro investigation of the development of mathematics. The specific methods include expert discussion conference, expert visit, network research, literature measurement, and so on. The minutes of the six meetings and the opinions of the experts were recorded in great details; Literature data mainly come from Web of Science (WoS) database and InCites database.

The main suggestions of this project include:

(1) To improve mathematics education for young people, create a large base for the independent training of mathematical talents, and establish a reservoir for the source of mathematical self-reliance and self-improvement.

(2) Based on the characteristics of mathematical research and the law of the growth of

mathematical talents, to improve the mathematical evaluation system and mechanism, and to continuously enhance the evaluation's orientation orientation to serve the national major strategy.

(3) To foster a cultural atmosphere conducive to mathematical innovation, accelerate the development of becoming an important center and highland for mathematical talent and innovation globally, and attract mathematical talents from all over the world.

Reports on Special Topics

Advances in Basic Mathematics

From 2011 to 2020, the United States and China were the main producers of mathematical scientific research papers. From 2011 to 2018, except for 2014 when China published more papers than the United States, the United States ranked first in other years, followed by China. Since 2019, China has surpassed the United States in the number of articles published, ranking first, followed by the United States. From 2011 to 2020, the number of articles published by China and the United States far exceeded that of France, which ranked third. In 2011, the number of articles published by the United States and China was three times and two times that of France, respectively. In 2020, the United States still published three times as many articles as France, while China reached nearly four times as many articles as France.

China ranked 20th among the TOP20 in terms of international cooperation, which international cooperation ratio is about half that of the United States. Although China's international cooperation ratio has improved from 2016 to 2020, it is still relatively low from a global perspective. Among the TOP20 countries, in addition to China, Russia's proportion of international cooperation is also low, respectively 23.34% and 31.31%, slightly higher than China.

Spain, Israel, Australia and the Netherlands are the most prominent countries for international cooperation in mathematics, with Switzerland and the Netherlands ranking in the top two countries for international cooperation despite the lowest number of publications.

Advances in Probability Statistics

From the overall data of 2011 to 2020, the United States is the first country in the field of probability and statistics research papers, followed by China, the United Kingdom, France and Germany ranked third, fourth and fifth respectively. Although China ranks second, the number of articles published is far behind that of the United States. Between 2011 and 2015, China's publication were less than one-third of the United States, and the gap between it and the United Kingdom, which ranked third, was very small. From 2016, China's publications were more than one-third of the United States, but by 2020 it was still less than one-half of the United States.

China's international cooperation accounts for less than 50%, but the international cooperation ratio is higher than that of the United States, indicating that China has more international cooperation in the field of probability and statistics. With the exception of South Korea and Canada, the international cooperation ratio of the TOP20 countries in the second five years has increased compared with the previous five years.

International cooperation in France, Italy, India, Iran and the Netherlands is more prominent, accounting for more than 50% of their output. Among them, Iran has the highest international cooperation ratio.

Advances in Applied Mathematics

Between 2011 and 2020, China and the United States are the main producers of research papers in the subfield of applied mathematics, with China topping the list in this field. From 1.08 times that of the United States in 2011 to 1.65 times that of the United States in 2020, the Chinese scale of output has obvious advantages. France, Germany and Italy ranked third, fourth and fifth, respectively, with about one-third of the annual output of the United States.

Among the TOP20 countries, China's proportion of international cooperation is the lowest, approximately one-half of that of the United States. Although the proportion of China's international cooperation from 2016 to 2020 has increased compared with the previous five years, it is still remains at the bottom compared with other countries.

The United Kingdom, Canada, Saudi Arabia and Australia are the countries that account for more international cooperation in this sub-field. Especially Australia, where the proportion of international cooperation in the past five years has increased significantly compared with the previous five years.

Advances in Interdisciplinary Applied Mathematics

From 2011 to 2020, the United States and China were the main producers of scientific research papers in the subfield of interdisciplinary applied mathematics, ranking as the top two countries. China's output increased from 44% of that of the United States in 2011 to 1.38 times that of the United States in 2020, surpassing that of the United States in 2020. The United Kingdom, Germany and France ranked third, fourth and fifth, respectively, with about one-third of the annual output of the United States.

Among the TOP20 countries, China's share of international cooperation is the lowest, and although China's share of international cooperation from 2016 to 2020 has increased compared with the previous five years, it still ranks at the bottom compared with other countries.

The United States accounts for about 40 percent of international cooperation, and the United Kingdom, Germany and France accounted for more than half of international cooperation. Saudi Arabia has the highest proportion of international cooperation among the TOP20 countries, at around 70%. This indicates that the vast majority of Saudi Arabia's output in this segment is done in cooperation with other countries.

附　录

附录 1　政策类文件整理

国发〔2016〕16 号

国务院关于印发实施《中华人民共和国促进科技成果转化法》若干规定的通知

国发〔2018〕4 号

国务院关于全面加强基础科学研究的若干意见

国科办基〔2019〕61 号

科技部办公厅 教育部办公厅 中国科学院办公厅 自然科学基金委办公室印发《关于加强数学科学研究工作方案》的通知

国科办基〔2020〕38 号

新形势下加强基础研究若干重点举措

国科发基〔2020〕46 号

科技部 发展改革委 教育部 中国科学院 自然科学基金委关于印发《加强“从 0 到 1”基础研究工作方案》的通知

中共中央政治局第三次集体学习

切实加强基础研究　夯实科技自立自强根基

附录 2　本学科的人才队伍情况

50 岁以上重要奖项获奖者、两院院士及国家级系列人才入选者为数学学科领军人才，50 岁以下 40 岁以上重要奖项获奖者、两院院士及国家级系列人才入选者为数学学科青年人才，40 岁以下重要奖项获奖者及国家级系列人才入选者为数学学科未来人才。具体见下述文字。

国际重要奖项获得者

据不完全统计，2011—2020 年，在国际上获得高级别奖项的中国本土数学家或华裔数学家共有 40 人（次），去重后 36 人，其中，全职在中国机构工作超过一年的有 14 人。所查奖项获奖人目前在大陆工作的有 16 人［有一名引进的菲尔兹奖获得者、一名引进的戴维逊奖获得者（Rollo Davidson Prize）］。

院士

截至目前，中国数学学科院士 52 人，其中中国科学院数学物理学部院士 45 人，中国科学院信息技术学部院士 6 人，工程院院士 1 人。

杰青、优青、千人

国家杰出青年科学基金（The National Science Fund for Distinguished Young Scholars，简称杰青基金）是中国为促进青年科学和技术人才的成长，鼓励海外学者回国工作，加速培养造就一批进入世界科技前沿的优秀学术带头人而特别设立的科学基金，近十年数学学科培养杰青 68 人。

国家自然科学奖（通用项目）

国家自然科学奖授予在基础研究和应用基础研究中阐明自然现象、特征和规律，做出重大科学发现的个人。2011—2020 年，与数学学科有关的项目共计有 35 个项目，68 名科学家入选，二等奖 35 项。

国家科学技术进步奖（通用项目）

国家科学技术进步奖授予完成和应用推广创新性科学技术成果，为推动科学技术进步和经济社会发展作出突出贡献的个人、组织。2011—2020 年，共有 2 项与数学学科有关项目入选国家科技技术进步奖二等奖。

国家科学技术发明奖（通用项目）

国家技术发明奖授予运用科学技术知识做出产品、工艺、材料、器件及其系统等重大技术发明的个人。2011—2020 年，与数学学科有关的共计 2 个项目入选（一等奖 1 项，二等奖 1 项）。

全国创新争先奖

全国创新争先奖 2017 年设立，每三年颁发一次。数学界目前有 5 人获得全国创新争先奖。

中国数学会华罗庚奖

华罗庚奖每两年评选一次，奖励范围为在数学学科做出杰出学术成就的中国数学家，是为激励中国数学家在发展中国数学事业中作出突出贡献，促进中国数学发展而设立的奖项。2011—2023 年，获得华罗庚奖的共有 12 位。

中国数学会陈省身奖

1986 年，为了激励我国中青年数学工作者对发展我国数学事业作出的贡献，由亿利达工业集团创始人刘永龄出资，与中国数学会共同设立“陈省身数学奖”。奖励范围为在数学学科做出突出成果的我国中青年数学家。2011—2023 年，获得该奖项的共有 14 位。

中国工业与应用数学学会苏步青应用数学奖

苏步青应用数学奖由中国工业与应用数学学会设立，旨在奖励在数学对经济、科技及社会发展的应用方面作出杰出贡献的工业与应用数学工作者，鼓励和促进中国工业与应用数学工作的开展。2011—2020 年，共有 8 位获奖者获得该奖项。

陈嘉庚科学奖

陈嘉庚科学奖是以对中国科教事业发展作出杰出贡献的爱国侨领陈嘉庚先生的名字命名的科学奖励。陈嘉庚科学奖的前身是 1988 年设立的陈嘉庚奖。2011—2020 年，数学学科共有 2 项入选。

陈嘉庚青年科学奖

陈嘉庚青年科学奖的设立是为了奖励在中国独立作出重要原创性科学技术成果的青年科技人才，激励青年科技工作者立志献身中国科学技术创新事业。2011—2020 年，在数学学科获得该奖项的有两位。

何梁何利基金科学与技术进步奖

何梁何利基金科学与技术进步奖授予在特定学科领域取得重大发明、发现和科技成果者，尤其是在近年内有突出贡献者。2011—2020 年，共有 13 位获得何梁何利科学进步奖，其中数学家有 6 位。

未来科学大奖

未来科学大奖（Future Science Prize）是由中国香港未来科学大奖基金会有限公司发起，北京怀柔未来论坛科技发展中心协办举行的评奖活动，旨在奖励在中国大陆（内地）、中国香港、中国澳门及中国台湾作出杰出科技成果的科学家。2017 年起开始评选，2017—2020 年，获得数学与计算机科学奖的共计 4 位，其中数学家有 3 位。

冯康科学计算奖

冯康科学计算奖奖励在科学计算领域作出突出贡献、年龄不超过 50 岁的海内外华人科学家。2011—2020 年，共有 10 位获得该奖项，其中 6 位在中国工作。

中国运筹学会运筹科技奖

中国运筹学会运筹科技奖，用以表彰中国运筹学工作者在运筹学的理论和方法研究或应用实践中取得的突出成果和作出重要贡献的个人。2011—2022 年，共有 56 位（项）获得中国运筹学会科技奖，其中 6 位获得运筹终身成就奖，8 位获得运筹研究奖，15 位（项）获得运筹应用奖，43 人（次）获得青年科技奖。

四大期刊发文作者

2011—2021 年在数学四大期刊的中国机构作者，全职在大陆工作超过一年的作者有 67 人。

附录 3　加强我国数学学科发展的三点建议

（1）抓好青少年数学教育，做大数学人才自主培养基数，蕴蓄数学自立自强源头活水。

（2）根据数学研究特点和数学人才成长规律，完善数学评价体制机制，不断强化数学服务国家重大战略需求的评价导向；在顶层设置独立的数学部门机构，高质量、可持续发展数学类教育、研究、科普、国际交流等专项基金和奖项。

（3）营造数学创新文化氛围，加快建设世界重要数学人才中心和创新高地，聚集天下数学英才。

索引

编写后记

数学是中华民族擅长的学科，在古代科技发展中作出过辉煌的贡献。近代以来，我国数学科学也产生了一系列标志性成果。习近平总书记在 2014 年两院院士大会上将“多复变函数论”与“两弹一星”“陆相成油理论”“人工合成牛胰岛素”列为新中国取得的科学成就；2016 年全国科技创新大会上，习近平总书记将“多复变函数论”列为我国的代表性“基础科学突破”之一。

虽然我国数学科学在近代取得了一些成绩，但由于我国传统文化重感性而轻理性，我国的数学科学在近代与西方相比还是落伍了。1988 年，我国数学家就提出了“建设数学大国”的奋斗目标。30 多年来，中国数学已取得了长足的进步，数学的重要研究领域基本得到覆盖，研究水平也有惊人进步。国家基础研究经费对数学的资助已经形成一定的规模，经过长期的积累和发展，在数学若干领域已形成有相当实力的科研团队，取得了一批具有国际影响的重要研究成果，在国际上占有一席之地。但从总体上看，我国的数学研究水平离国际一流水平还有差距。数学各分支学科的发展不平衡，数学的应用范围还需进一步扩大，在数学与其他领域的交叉研究和服务社会经济建设方面仍有很大发展空间。

路漫漫其修远兮，吾将上下而求索。